光尘
LUXOPUS

BELOVED BEASTS

FIGHTING
FOR LIFE IN AN AGE
OF EXTINCTION

亲爱的野兽

在灭绝时代
为生命而战

[美] 米歇尔·奈豪斯 —— 著

MICHELLE NIJHUIS

刘炎林 林纾 —— 译

北京联合出版公司
Beijing United Publishing Co.,Ltd.

不过，也许这不是一首关于濒临灭绝的歌。

也许这是一首关于濒临过程的歌。

—— E.M. 刘易斯

目录

伊索的燕子

当燕子第一次注意到橡树枝条上长出的槲寄生时，她把其他鸟儿召集到一起，警告说，人类会用槲寄生果制成粘鸟胶来捕捉他们。除非鸟儿们能设法把槲寄生从树枝上扯下来，否则就应该团结起来，一起寻求人类的怜悯和庇护。其他鸟儿嘲笑燕子，她便独自飞到人类那里。人类被燕子的智慧所吸引，在屋檐下为她提供庇护。

结果，别的鸟儿常常被人捕捉，成为人们的美食。

上面这个故事是一则伊索寓言，准确地说，是一位名为伊索的古代智者所讲的寓言。关于伊索本人，我们几乎一无所知，他可能根本就不存在。如果确有其人，他大概生活在公元前 6 世纪，可能是奴隶，也可能是囚犯。伊索的机智深得俘虏他的富人之心，他的地位得以提升，声名远播。两百多年后的亚里士多德认为伊索是希腊人，不过也有人认为他是安纳托利亚人[1]。有人说他是天生的哑巴；有人说他解决了

---

[1] 小亚细亚半岛上的原住民，该半岛位于土耳其境内。——如无特殊说明，本书脚注均为译者注

国王的难题；有人说他是名妓的伴侣，尽管容貌丑陋得像是"带牙的萝卜"。他讲述了乌龟和野兔、狮子和老鼠、男孩和灰狼的故事。这些故事稀奇古怪，令人难忘。传说他多次用如簧巧舌摆脱困境，直到有一天，舌头再也没能救命，他被德尔斐人扔下悬崖。这惹恼了众神[1]。

一代代的讲述者不断增补伊索寓言，改变寓意以适应各自的时代和情景。今天的听众永远无法得知伊索寓言最初的模样，也无从知晓它们的本意，只知道这些寓言诞生于西方文明的源头。伊索常常赋予动物人类的品性，不过它们的动物本性也非常鲜明，足以表明人类早就关注到其他物种的方方面面：有时是个体，有时是某一种类；有时是食物或诱饵，有时是伙伴或预兆。伊索的笑话就来源于这些反差，而往往讽刺的是我们。

伊索不知道，也不可能知道，在他辞世两千多年后，少数几位寓言故事的后人在人类与其他物种的关系中发现更深刻的悖论，进而意识到：人类需要庇护的，并不只是燕子。

1994 年春，我还在念生物学本科，也掌握了一些宝贵

---

1 传说伊索曾因其口才出众被吕底亚的国王克利萨斯安排担任外交工作，但他出使太阳神阿波罗的神谕之地德尔斐时，试图教育当地人，却因此把他们惹恼，被推下悬崖。后来德尔斐遭受了一系列灾难，许多人相信这些厄运都是因为当地人错误地杀死伊索，引起了众神的报复。

的实践技能，被一个野生动物研究项目聘为野外助手。研究项目位于美国西南部的沙漠中，我的工作连伊索都会心痒。每天黎明前，我得独自走过一片砂岩，到达指定地点。等到地面变暖，睡眼惺忪的乌龟就会气鼓鼓地从洞里爬出来。我的任务是在远处观察乌龟，记录它们何时进食、吃了什么，间或抿几口水。几个小时之后，空气渐渐灼热，乌龟终于退

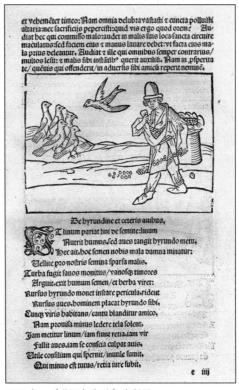

1501 年，《燕子与鸟儿》木版画。

回阴凉的洞里，我再跌跌撞撞地穿过炙热的沙地，回到研究站。我总感觉自己像那只兔子，不知怎么又输掉了比赛。

沙漠地鼠龟（俗称沙漠陆龟），一直都是美国《濒危物种法案》保护的受威胁物种。但围绕这个物种保护前景的争论颇为苦涩，有时候甚至很暴力，我梦幻般的奇怪工作也被卷入其中。争论的深度和广度让我印象深刻。在争论如何给乌龟提供庇护时，人们不仅会讨论要停止哪些建筑项目，要减少哪些公共土地的放牧租约，要关闭哪些越野车道，还会讨论为什么要这么做，甚至反思是否应该保护乌龟。在曾

1609 年，《龟兔赛跑》雕版画。

经为普韦布洛人[1]的祖先提供庇护的红岩峡谷中，在会议室、法庭和小镇咖啡馆里，人们不断争论的，其实是人类在地球上的适当位置。

后来我回到大学，完成学业，又做了几年访问学者。我在加利福尼亚州的溪流中寻找濒临灭绝的蛙类，在索诺兰沙漠中调查被野火烧毁的植物。我的工作伙伴以戳响尾蛇为乐，用拉丁文和希腊文称呼花朵。我不断学习其他物种的知识，也不断深入了解我自己所属的物种。后来，我成为一名记者，开始报道二者的关系。

二十多年来，我一直关注对其他物种未来前景的争论。这些争论大多是老生常谈：我们仍然在为是否要提供庇护所而争论不休，仍然在为为什么要提供庇护所而争执不下，仍然在为如何提供庇护所而延宕不决。这种僵局当然与金钱和政治关系甚大，但也与历史关系匪浅，更与我们今日如何看待或忽视历史有关。

不久之前，许多欧美人都自认为了解人类与其他动物、物种的关系。《圣经》上说，上帝授予人类对海里的鱼、空中的鸟乃至地球上所有生物的统治权。这种安排看似不言自明、毋庸置疑，不过伊索曾经毫不客气地提醒过我们，鱼和鸟偶尔也会赢。

1　普韦布洛人，又译为蒲芦族，是一个美洲印第安原住民部落。普韦布洛一词源于西班牙语，意思是"村落"。

到 19 世纪中叶，自满的人类认识到，人类没有那么特殊，但能量超出想象。查尔斯·达尔文的进化论揭示，人类与其他动物的关系远比此前想象的更密切。人类还认识到，突飞猛进的工业化和全球化能够灭绝物种。事实上，灭绝已经发生，最初是在偏远的海洋岛屿，尔后愈加接近大陆本土。

地球上最为强大，也最具破坏力的文明仍在消化这种双重的冲击。尽管信仰或文化千差万别，但人们普遍认为，为陪伴、劳作和生计而驯养的动物不应遭受虐待（尽管我们对虐待的定义天差地别）。人类为获取食物和运动取乐而猎杀动物，但人类对这些动物的责任并不清晰；对于那些令人厌恶、感到危险或用处不明的动物，人类的责任就更模糊了。当人类意识到自己能够把某个物种从地球上完全抹杀时，自然会产生新的问题：我们为什么要做出牺牲，来保证地球其他物种的持续生存？哪怕这种牺牲只是短期的。

直到最近，西方哲学家和宗教学者对这类问题都关注寥寥，许多科学家也避而不谈。一旦试图从法律角度来回答这些问题，往往会引起更多的难题。

那么伊索呢——噢，伊索估计会大笑不止，祝我们好运。

本书讲述的是为这些问题奉献终生的人物：科学家、

观鸟者、猎人、自学成才的哲学家，以及排除万难、不懈地寻求理由和方法，并与毁灭物种的一方做斗争的保护者。书中介绍的每个人，都曾经或正处在现代物种保护故事的转折点上。这些故事，不管是好是坏，仍然指导着保护地球生命的国际运动。

多数早期保护主义者是享有特权的欧美人。这也难怪：地理位置和教育背景使他们能够认识到人类对其他物种的影响，而金钱和地位使他们能够站上发出争议的高台。当周遭的社会纷纷遗忘了人类对其他生命的依赖时，早期保护者重新形成了一种对其他生命的依恋。他们不仅关心某些动物个体，还关心物种的生存。

早期的保护者经常使用务实的论据说服他人加入自己的事业，但往往带有更深的个人动机。许多人豢养其他物种来陪伴自己，以此逃避自己的苦恼；有些人极度害羞，或是备受精神或身体疾病折磨；有些人在离婚仍属丑闻的年代与配偶分居，或者在同性恋被千夫所指的年代受同性吸引。他们中的大多数人感到了痛苦，又在其他生命形式的形象和声音中找到了慰藉。

他们对物种的热情，往往从色彩斑斓的鸟类或引人注目的大型兽类开始，逐渐延展到微小的、未知的、静止的甚至受人鄙夷的物种。更重要的是，他们对所有物种之间的关系也抱有热情。保护主义者通常会被人们的冷漠、自己的盲点或者人类的本能打败，往往没能拯救他们所热爱的生命种类。然而，出乎许多人意料的是，他们还取得过很多成功，而且被继承他们智识的后来者们薪火相传。

在现代物种保护故事中，因正确理由而做错事的人，以及因错误理由而做对事的人，比比皆是。这些故事发端于富裕国家，也发端于殖民领土。它的早期篇章笼罩着种族主义的阴影，即使现在也有一些保护主义者还在抱残守缺，将他们试图遏制的破坏错误地归咎于人类同胞。地理学家威廉·亚当斯（William Adams）观察到，许多保护主义者不熟悉保护运动的历史，往往在进化的时间尺度和当前的危机之间摇摆，结果每一代人都在老调重弹，重蹈覆辙。

然而，一个半世纪以来，从保护魅力超凡的动物的一系列战斗开始，物种保护屡经挫折，起伏不断，已然发展成在更大尺度上捍卫生命的全球运动。目前，物种破坏仍在继续，气候变化影响升级，全球保护主义者正为所有物种的未来而战，包括我们人类自己。

在信息时代的现代读者看来，物种保护不像是一个故事，更像是悲剧和警报的杂烩：最后一只长江江豚，最后两头北方白犀牛（同为雌性），即将仅剩一只的瓦基塔海豚。在黯淡的当下和更为黯淡的未来，讣告和准讣告接二连三地传来，只有零星的英勇举动和短暂的成功让黯淡略为缓解。

物种保护始终充斥着幻想（如复活猛犸象群）和特殊手段（比如用昂贵而笨拙的人工授精来避免灭绝）的诱惑，然而最为危险的或许是绝望。

我们很容易忘却，我们生活的世界之所以缤纷多彩，需要归功于那些保护物种的人，他们找到了有力的理由和必需的手段。没有他们的努力，野牛、老虎和大象可能早已消失，鲸、狼和白鹭即便还有，也会所剩无几。没有他们的努力，更不会形成保护工作的国际合作传统。经过几十年的结盟和争执，保护工作超越特权者把持的创始阶段，发展成包括许多人士、许多地方和许多物种的运动。

我们可以从这个传统中汲取经验：学习它的成功和失败，借鉴它的疏忽和洞察力。未来的保护主义者，也许会借助无人机、超低温保存或基因编辑等新技术，但保护生物体及其栖息地的艰难工作并没有捷径，对其他动物和物种的情感联结始终无可替代。正是对生命的热爱激励了第一批现代保护主义者，也在今日继续激励更多人。

人类及其动物伙伴的确面临着紧迫的新问题。气候变化的剧烈程度在人类历史上前所未有。青蛙、蝙蝠和蝾螈正遭受大瘟疫的洗劫，死于人类活动传播的各种疾病。据估计，目前濒临灭绝的物种高达一百万种，包括所有动植物物种的四分之一。有组织的犯罪和根深蒂固的公司利益威胁着保护工作，在许多地方还威胁到保护者的人身安全。在 2002 年至 2019 年间，在保卫土地、水源、植物和动物免遭偷猎和其他人为破坏的过程中，至少有一千八百人遭到杀害。

幻想和绝望蛊惑人心，而历史可以帮助我们擦亮眼睛。已经取得的成就并非注定如此，遭遇的失败也并非不可避免。理解以往奋斗和生存的故事，我们可以继续向前，并展望有待书写的多种可能。

在更广泛的意义上，保护还是防止浪费或损失的重要手段。出于精神需求、现实利益或自身兴趣的考虑，人们采取措施以避免浪费或损失某些鱼类、鸟类和兽类的历史，可能跟旧石器时代洞壁上的草原野牛图像一样古老。无论人类社会是大是小，是强是弱，都采取过并依然采取着这些措施。

公元前 3 世纪，皈依佛门的印度国王阿育王禁止杀戮鹦鹉、乌龟、豪猪、蝙蝠、蚂蚁和"所有既无用又不能食用的四足动物"。马可·波罗报告称，13 世纪的元朝统治者忽必烈禁止在 3 月至 10 月间猎杀野兔、鹿和大型鸟类，"以便鸟兽繁衍生息"。中世纪的英国国王颁布严苛的森林法，宣布森林仅供皇家狩猎以娱乐和牟利。本书中的人物洞察到实施具体保护工作的需要，于是发起了一场持续性的国际运动，旨在保护其他物种免遭人类造成的全球灭绝。但新的保护运动，或多或少地忽视、破坏或理想化了旧有的保护形式。最近几代保护人士终于认识到，正如前辈奥尔多·利奥波德[1]所说，保护是"人类历史上最古老的任务"，于是努力融合新旧方法，去其糟粕，取其精华。

功利主义者和保存主义者之间的争论，让早期的保护主义者产生了分裂。功利主义者志在维持畜群和森林，供人类使用；保存主义者则希望保护物种和景观，免受人类干扰。自保护运动兴起，它就时常与环境运动发生冲突。许多保护运动的创始人是富有的猎人；而公众对空气和水污染等全球性问题的关注，催生了环境运动。动物福利运动起初是为了改善驯养动物的生活，它与保护运动和环境运动亦敌亦友。然而，所有这些运动都彼此密切相关，它们的故事也彼此重叠。

时至今日，有无数种方式来定义保护。例如，它可以包括对风景区和开放空间的保护。但物种（特别是动物物种）的存续，仍然是保护运动至关重要的关注点。物种保护的历史和未来，即是本书的重点。

在保护运动中，满怀激情的专家和满怀激情的业余爱好者之间的合作由来已久。保护运动打破了学科藩篱，从科学、政治、法律和哲学等领域汲取养分。保护运动的内部辩论充满活力，而且引人入胜。然而，专业术语使得辩论晦涩

1　奥尔多·利奥波德（Aldo Leopold，1887—1948），美国科学家和环境保护主义者，被称作"美国新保护活动的先知""美国新环境理论的创始者""生态伦理之父"。《沙乡年鉴》是他的自然随笔和哲学论文集，也是土地伦理学的开山之作。

难懂，因为同一个术语对不同的人群来说，难免含义迥然。"保护"本身已经够复杂了，所以我尽量少用"自然""野生""荒野"等词。一旦用到这些词，我会尽量解释清楚到底是哪种自然或哪种荒野。"野生动物"一词，也是有多种定义和多种写法的术语，我在书中使用该词，仅仅是为了区分非驯养动物和驯养动物（包括人类）。一般来说，我用来指代人类的术语——维多利亚时代的英国人、黑脚族[1]、白人、佛教徒——也是相应人群自称的用语。

还有一个我在书中很少用到的词：希望。保护界频频讨论希望，既有对希望的渴望，也因其稀缺。然而，早期最有影响力的保护主义者几乎都没有被所谓的希望所激励。激励他们的是喜悦、愤怒、数据。至于自己所做的工作到底能否拯救钟爱的物种，他们几乎没有信心。尽管如此，他们还是行动了。比如利奥波德，他在情绪低落时给朋友写过一封信，信中写道："形势决然无望，但我辈不妨尽最大努力。"

1　黑脚族，北美印第安人中的一支，居住在洛基山脉以东。

第一章

命名动物的植物学家

在华盛顿特区东南郊，史密森学会的博物馆支持中心与首都大理石纪念碑隔着阿纳卡斯蒂亚河相望。支持中心是一座庞大的"之"字形混凝土建筑，里面存放着学会尚未公开展示的藏品。在约五千五百万件藏品中，有些是奇迹和发现，比如在南极洲发现的陨石；有些是屠杀的遗物，比如西奥多·罗斯福[1]于1909年在非洲猎杀的四头大象的头骨；还有一些是征服的遗物，比如一条温哥华岛努查努斯人建造的独木舟——整条船由一整株红杉凿成，长达五十二英尺[2]。

这里还有成千上万的"模式标本"——作为物种范例的植物和动物个体。科学家每次描述和命名一个陌生物种，都需要至少采集或捕获这个物种的一个代表性个体，然后通过剥皮、干燥等方式保存，储存于博物馆中供后人参观。这种分类学传统可以追溯到一百多年前，博物馆支持中心的一些标本也是如此。

---

1 西奥多·罗斯福（Theodore Roosevelt，1858—1919），美国第26任总统。在结束第二个总统任期后不久，罗斯福于1909年3月前往非洲探险，这次旅程由史密森学会和美国国家地理学会提供赞助。
2 英制长度单位，1英尺为30.48厘米。

史密森学会大部分两栖动物和爬行动物的模式标本和其他标本，都存放在支持中心的五区。五区挑高很高，房间白得刺眼，摆满装了滚轴的钢制排架。排架一尘不染，上面摆放着一排排的玻璃罐。罐子里装有酒精，以及一个或多个没有血液的肉身。

史蒂夫·戈特（Steve Gotte）负责保管这些藏品。起初我以为这项工作会让人百无聊赖，甚至入定。但是，胡子黑黑、不苟言笑的戈特很快否定了我的想法。如果粗心大意的研究人员没盖上玻璃罐，标本就会烂成糊！不合格的橡胶密封条会像蜡烛一样化掉！有的野外笔记不大讲究，满篇都是晦涩难懂的地点！"这一切都很酷，"一位实验室技术员补充说，他当时正在扫描一份维多利亚时代的账簿，其中有一页几乎无法辨认，"但有时候你恨不得抽这些家伙。"

近几十年来，借助遗传学分析，科学家进一步识别出"隐存种"——外观与其他物种相同而遗传上有差异的物种。每次命名一个新物种，都需要重新灌装玻璃罐、重新贴上标签、重新安放。戈特指了指桌子上新出版的电话簿大小的分类学专著。"过去只有一种黏滑无肺螈。"他说。如今有十六种。

五区的排架还记录着其他变化。戈特拿出哥斯达黎加的金扁蟾（*Incilius periglenes*）标本给我看。科学家认为，金扁蟾在 20 世纪 80 年代因蛙壶菌（*Batrachochytrium dendrobatidis*）而灭绝。这种真菌起源于亚洲，经国际贸易传播至世界各地。据估计，蛙壶菌迄今已经导致五百个两栖动物种群减少或灭绝。这个数字超过全球已知两栖类物种总数的 6%。从某种角度来看，它是地球上最具破坏性的病原体。

我拿起装有火斑蟾（*Atelopus ignescens*）的玻璃罐。火斑蟾又名基多短足蟾，有着煤灰色的背部和橙色的腹部。不过眼下它们只是一英寸[1]长的无色尸体，在酒精里轻轻晃动。火斑蟾在厄瓜多尔一度泛滥成灾，人们不得不把它们赶出屋外。玻璃罐里的标本是 1962 年 8 月在路边采集的，当时这个发现可能丝毫不引人注目。

在接下来的二十五年里，火斑蟾仍然默默无闻。直至20 世纪 80 年代末，该物种的消失终于引起关注。哪怕在明显未受人类干扰的地方，它们也消失殆尽。科学家此后定期开展调查，但直到 2016 年才终于再次记录到火斑蟾：一个小男孩发现了一个很小的残余种群。（在生物学术语中，种群通常指生活在同一时间、同一地点的同一物种的一群个体。）目前，几乎可以肯定，安第斯山脉野生火斑蟾的数量要比圈养的还少。同类物种的困境大同小异。

在戈特面前，我努力克制自己的多愁善感，也不知道自己为何如此动情。我一直偏爱青蛙和蟾蜍。这有很多原因，不过也没有什么独特的理由。我喜欢它们，因为它们让我想起在泥泞沟渠中玩耍的童年时光；因为它们可以生活于两个

---

1 英制长度单位，1 英寸为 2.54 厘米。

截然不同的世界；因为它们既丑陋又美丽，既脆弱又机智。亨利·戴维·梭罗（Henry David Thoreau）曾在 1858 年沉思道："青蛙真是一种奇怪的生物。有人认为它们非常警惕和胆怯，也有人认为它们大胆和不羁。"我喜欢它们，因为很多人不喜欢它们。我就是喜欢它们，好比有些人就喜欢蓝色。我经常听到科学家表达类似的本能好恶。我曾经遇到过一位海洋生物学家。他着迷于最怪异的海洋生物，却认为鸣禽"太令人毛骨悚然"。

但我为什么要关心这个物种的命运呢？火斑蟾悄然消失，又悄然重现，无论在哪个方面，对我都没有直接影响。我住在美国西北部，距离安第斯山脉四千多英里[1]。在美国，我可以随时看到青蛙和蟾蜍。我对火斑蟾感兴趣，部分原因是它们消逝的速度和时间。我上小学的时候，这种蟾蜍还很常见。我上高中时，人们以为它们已经一去不返。如今，它们仍然非常罕见。大多数看过蟾蜍标本的人都明白，当然我也明白，它们代表着一种独特的生命类型，体现着数百万年生物进化的结果。

我总感觉它们这类生物无可替代，将受到无可估量的缅怀。我之所以会有这样的感觉，可能是因为它们独特的学名：*Atelopus ignescens*。

物种的学名与俗名不同，它不会随着时间推移而改变，也不会被多个物种共享。这个由两部分组成的学名表明，这

---

1 英制长度单位，1 英里约为 1.61 千米。

种蟾蜍不仅在周边区域是独特的，在全世界也独一无二。同时，这个学名还将火斑蟾锚定在生命之树上，确立它与更知名物种的关系，将遥远而抽象的生物变得有血有肉。我们为动植物选择的名称，一直是我们理解周围世界的基础。在许多地方，人们仍然在使用本地详尽的分类法。有时候，人们使用学名来抹杀旧的命名系统；但学名也能连接两类命名系统，扩大我们对世界及其生命种类的共同观念。

生物学家爱德华·O. 威尔逊（Edward O. Wilson）曾说，分类学的目的是"找出动物自己知道的东西"，换言之，就是借鉴生物自身的聚类进行分组，给予相应的对待。然而，这不过是威尔逊的自负罢了：我们永远不会知道动物知道什么，我们给它们取的名字永远不会是它们本来的名字，我们对它们遭遇的推测永远不会是它们真正的遭遇。然而，分类学可以帮助我们感知它们的世界。更重要的是，分类学提供了一种方法，识别不同种类，并确定这些种类何时衰退。为此，我们应感谢一代又一代的分类学家。地球上大约有九百万个物种，他们正式命名了两百万种。而所有分类学家都应感谢一位瑞典植物学家，他三百岁的尸身是智人（*Homo sapiens*）非正式的模式标本。

如果穿越回 1729 年春，在瑞典乌普萨拉[1] 泥泞的街道

1　乌普萨拉位于瑞典中部，曾作为瑞典的首都，是瑞典最古老、最有历史韵味

上，你可能会迎面撞见年轻的卡尔·林奈（Carl Linnaeus）。如果他跟你说，他注定要成就大事，你可能会不屑一顾。

林奈决定不跟随父亲加入路德教会，这击垮了他的父母。头一年 8 月，他父母给了他一袋银子，把他送进乌普萨拉大学[1]。光是购买食物和燃料，就花光了银子。那年冬天异常寒冷。林奈喜欢户外活动，但讨厌寒冷。他衣衫褴褛，脚踏纸底鞋，瑟瑟发抖地过了冬。贵为斯堪的纳维亚半岛上最古老的大学，乌普萨拉大学却和林奈本人一样破败。几十年前，一场大火几乎烧毁了这所大学。那里没有化学实验室，只有一间临时解剖室和一座林奈不屑一顾的植物园。教授们不上公共课，而是私下授课，收取昂贵的学费。学生们午后就开始喝酒，时而鼓噪寻欢，攻击不受欢迎的导师。

不过，林奈的野心已经熊熊燃烧。自幼时起，他就着迷于植物。他家位于瑞典南部，父亲热衷于园艺，教他认识周围的花卉。林奈时常翘课到树林里闲逛，说起植物如数家珍，视若好友。同学们给他起了"小植物学家"的绰号。现在，他决心为所有植物命名和排序。"他打心底厌恶变动性和无形式性，"瑞典历史学家斯滕·林德洛特（Sten Lindroth）写道，"他来到这个世界，就是为了清理和建立

的城市之一。林奈在求学任教等职业生涯的大部分时间都活跃于乌普萨拉。

1　乌普萨拉大学创建于 1477 年，是瑞典乃至北欧地区的第一所大学，也是一所国际顶尖的综合性大学。包括阿伦尼乌斯、舍勒、诺贝尔在内的大批杰出的科学家，以及多名瑞典王室成员和政要，均曾在此求学、工作。

秩序。"

与同时代的其他男孩一样，林奈接受古希腊教育，吸收了亚里士多德关于世界只由几百种植物和动物组成的观点。一位维多利亚时代的传记作者称，林奈从 17 世纪法国博物学家约瑟夫·皮顿·德·图尔内福（Joseph Pitton de Tournefort）的作品中，感受到"合理安排的便利和系统的美感"。在三卷本植物百科全书中，图尔内福划分了大约一万个物种。林奈知道，英国牧师约翰·雷（John Ray）前不久描述了一万八千个植物物种。约翰·雷也是第一位用生物学术语定义物种的博物学家。林奈还听说，欧洲商人和殖民者从新世界陆续带回陌生的物种，而对这些物种的胡乱命名，引发了园艺界和自然史界的巨大混乱和猖獗欺诈。即便如此，林奈还是无法想象一个包含数百万种动植物的世界。幸好，他足够天真，相信为生物制定秩序的梦想可以实现；他也足够自信，确信自己能实现这一切。这是林奈的幸运，也是科学的幸运。

很快，林奈在乌普萨拉站稳了脚跟。他结识了同样热衷于分类的医学生彼得·阿特迪（Peter Artedi）。两人"瓜分"了生物世界：阿特迪偏好动物学，选择了两栖类、爬行类和鱼类；鸟类、昆虫和大部分植物都归林奈；兽类和矿物是公共领地。阿特迪比林奈大两岁，在很多方面都是林奈的反面。阿特迪又高又瘦、一头黑发，而林奈又矮又胖、浅色头发；阿特迪认真、善于深思，而林奈大胆、雄辩机智；阿特迪为人谦虚，而林奈则毫不谦让。两人一起在乌普萨拉周围的树林和草地上寻找可供编目的物种。阿特迪或林奈都曾经把一个发现隐藏数天，直到忍耐不住向对方大肆吹嘘。据林奈回忆，他们曾发誓，如果他们中一人死去，"另一位将负有神圣之责任，把对方可能留下的观察结果交还世界"。

他们热切的合作是短暂的。一位大学院长注意到林奈"植物学奇才"的名声，接连介绍这位年轻的学者加入重要的社团。1735 年，林奈住在荷兰的大学城莱顿，结识了著名的荷兰医生和植物学家赫尔曼·博尔哈夫（Herman Boerhaave）。一天早上，林奈在小酒馆发现了一张熟悉的面孔：彼得·阿特迪也来到了荷兰！在回忆录中，林奈没有提及他与阿特迪失去联系的原因，但偶然的重逢让两人潸然泪下。

众所周知，阿特迪的天赋不逊于林奈，他也同样干劲十足。但他似乎不愿像林奈那样讨好权贵，因此命运多舛。从乌普萨拉大学毕业后，阿特迪曾在伦敦与该领域的顶尖专家一起工作，学习鱼类分类。后来钱粮告急，他来到莱顿继续学习，但旅行费用又让他进退两难。林奈给阿特迪找了几件衬衫，不久帮他安排了工作——到附近阿姆斯特丹的知名药房上班。

后来林奈也到阿姆斯特丹上班，但阿特迪依然拘谨，更加退缩到饮酒和工作中。一天晚上，林奈来到阿特迪的房间，给他看一份新的手稿。阿特迪坚持大声朗读自己正在进行的鱼类学工作，并仔细斟酌细微之处。"他让我待了很久，太久了，久到无法忍受（我们通常不是这样的），"林奈写道，"但是，如果我知道这是我俩最后的谈话，我希望它能

1878 年，一位插画师想象中的卡尔·林奈和彼得·阿特迪。

更长些。"

　　1735 年 9 月 27 日，阿特迪参加雇主举办的晚宴。他在宴会上待到午夜，回家路上栽进没有护栏的运河里，不幸溺亡，时年三十岁。两天后，林奈听闻噩耗，立刻赶到市立医院。按他回忆，他只看到"僵硬的、没有生命的尸体，了无生气的、苍白的、带着泡沫的嘴唇"。距离两人在莱顿重逢，

才过了短短十周。

林奈没有忘记自己的承诺：要与世界分享自己朋友的工作。阿特迪严重拖欠房租，房东没收了他的论文作为抵押，林奈不得不向赞助人借钱购回论文。林奈发现，尽管阿特迪生活困窘，还是成功地将所有已知鱼类分门别类，并优雅地描述了每个物种。阿特迪没能实现自己和林奈的共同梦想，但取得的进展比林奈还要好。向同事介绍阿特迪的工作时，林奈写道："一百年后，植物学分类才能做到鱼类分类那样完美。"他当时一定又是钦佩，又是嫉妒。

阿特迪葬于阿姆斯特丹的无名贫民墓，而林奈于1738年出版了阿特迪的著作《鱼类学》，这让阿特迪永垂不朽。阿特迪的工作没有消逝，已经嵌入今日使用的每个学名中。

在荷兰逗留了一阵子后，林奈返回乌普萨拉。他在乌普萨拉安家，结了婚，生了七个孩子，在大学里担任教授，生活心满意足。此后，他很少离开瑞典。他的"使徒"，一群比教授更能忍受探险的不适的前学生，开始参与殖民探险，不断带回陌生的植物。林奈把这些植物加入收藏，精心呵护。"不要让博物学者偷走一株植物。"他在临终前嘱咐妻子。

林奈成名很早。承蒙富裕崇拜者的资助，1735年，他还住在莱顿的时候，就出版了代表作《自然系统》(*Systema*

Naturae）的初版。但是，他的知音寥寥。林奈建议根据性器官的特征编排开花植物，让整个欧洲的植物学家震惊不已。许多人认为，林奈对花的描述——"在一段婚姻中有两个丈夫"，或是"在一张床上有二十位男性或更多女性"，过于恶作剧，令人难以忘怀。1808年，塞缪尔·古迪纳夫牧师（Rev. Samuel Goodenough）致信一位林奈学派的学者。"我跟你说，林奈的头脑粗俗淫荡得无可匹敌。"他控诉道，"许多童贞尚存的学生，可能根本没法弄清蝶豆与阴蒂的相似性。"[1]其他批评者接受了林奈的比喻，但不接受他的方法；他们只是不想改变自己的系统，即使那些系统大而无当。

事实证明，林奈创造的命名系统不可抗拒。博物学者已经在使用由两部分组成的名称，将生物体分为类和亚类。林奈将这种做法正规化，并纳入阿特迪为鱼类建立的嵌套式等级体系中，最终为地球生命建立了高效灵活的分类系统。在1753年出版的《植物志》（*Species Plantarum*）中，林奈将许多植物烦琐的描述性名称缩减为简洁的拉丁文和希腊文双名，比如把 *Convolvulus foliis palmatis cordatis sericeis : lobis repandis, pedunculis bifloris*（有粉红色花的牵牛花）缩减为 *Convolvulus althaeoides*（锦葵捆扎草）。在1758年出版的《自然系统》第十版中，他重新命名了包括人类在内的大部分已

---

1 蝶豆花的旗瓣巨大，将短小的萼瓣与龙骨瓣包裹在中央靠近萼筒的地方。因其形态与阴蒂相似，故林奈以阴蒂的拉丁语 Clitoria 作为蝶豆属的学名。

知物种，并在扩展的分类系统中指定每个物种的位置。该系统的现代形式，从大到小分别是界、门、纲、目、科、属、种 [1]。按照《植物志》中已经确立的方法，林奈在《自然系统》中用属名和特异性表征词组成每个物种的名称。

到 1778 年林奈去世时，他已经为四千多种动物和近八千种植物创造了国际通用的独特名称。瑞典政府为他树立雕像，把他的肖像印在硬币上。他被整个欧洲誉为"花

1732 年，完成瑞典北部的考察后，林奈身着萨米人的民族服装，手持最喜欢的植物双生花。为纪念林奈，这种植物被命名为北极花（ *Linnaea borealis* ）。

晚年的林奈，同样手持一朵双生花。

1　界、门、纲、目、科、属、种的英文分别是：branches, phyla, classes, orders, families, genera and species. 原文写道："生物学学生为速记这个层级结构编出了一个广为流传的口诀：菲利普国王从热那亚来到西班牙，尽管菲利普有时是为了好吃的意大利面或伟大的性爱而来（King Philip Came Over From Genoa Spain, though Philip sometimes Comes Over For Good Spaghetti or Great Sex）。"

之王子"和"植物学之王"。历史学家唐纳德·沃斯特（Donald Worster）写道："林奈制定了'自然史无政府时代的基本秩序'。"

林奈描述的物种有许多在后来被重新命名，也有些被证实根本不存在，例如凤凰和九头蛇。林奈把九头蛇放在名为"矛盾物种"（*Paradoxa*）的组里。令人困惑的是，他在历次版本的分类法中列入矿物，以致现在的一些猜谜游戏中，还有"动物、植物、矿物"的提法。最为臭名昭著的是，林奈按肤色将人类分为四个"亚种"。这个分类学谬误至今流毒无穷。

不过，五千多种动植物因为林奈的命名而为科学界所知。有些物种以他想奉承的人命名，还有些物种名则是他持久的报复。比如，一种臭气熏天的小野草 *Sigesbeckia*，是以一位特别严厉和顽固的批评家命名的。

林奈自视甚高，但他也意识到，单枪匹马无法实现少年时代的宏愿，即命名和分类地球上的所有生命。他出版了详细的说明，供分类学同行使用。国际动物学命名委员会（International Commission on Zoological Nomenclature，简称 ICZN）是监测所有新鉴定动物物种命名的组织。1895年，ICZN 采纳了多项林奈的分类准则（国际植物分类学会负责藻类、真菌和植物的命名，细菌和病毒也有相应的协会）。1961 年正式颁布的《国际动物学命名委员会守则》宣称："日常语言可以向四面八方自然发展；但生物的命名必须成为准确的工具，为后世百代传达精确含义。"

尽管国际动物学命名委员会早就建立并维护生物命名的规则，但直到 2012 年才开始追踪全球现有的学名。一百多年来，这项工作其实落到伦敦书商查尔斯·戴维斯·舍伯恩（Charles Davies Sherborn）等人的头上。舍伯恩耗费四十三年，从数以万计的出版资料中提取了近五十万个物种名称。他的《动物索引》（*Index Animalium*）完成于 1933 年，囊括了 1758 年版《自然系统》之后、1850 年之前命名的所有现存和灭绝的物种。此后，数字技术减少了制作索引的困难。光是按字母顺序排列物种，舍伯恩就花了三年。但是，重复的物种学名、不正规的拼写方式，以及其他人为错误，仍然困扰着分类学家。

当代分类学家无望享有林奈的荣耀。他们不会永垂不朽，没有雕像，硬币上也没有他们的肖像。他们命名和描述物种的工作长期资金不足，更别提编制物种索引。爱德华·O. 威尔逊等人谴责分类学的衰退，呼吁"复兴"分类学，投身于对"世界生物群的描述和绘图"，包括科学界仍然完全未知的数百万个物种。

威尔逊对知识和实践均有兴趣。林奈观察到，"如果你不知道事物的名称，那么也不会有相关的知识"。没有正式名称的物种不会被研究人员调查，它们的需求也不会被系统地评估。它们不会受到美国《濒危物种法案》的保护，也不会被列入国际濒危物种红色名录。它们可能会受到人类的喜爱和赞赏，但仅限于近邻，稍有距离便无人知晓。"要深切关注重要的事物，"威尔逊写道，"首先必须了解它。"

科学家确实在继续命名陌生物种，命名方式精准且颇具创造性。火斑蟾是存于史密森学会五区的蟾蜍，其学名的灵感源于它火橙色的肚子。2004 年，科学家发现一种跟它相近的蟾蜍，已经极度濒危，于是命名为科迪勒拉斑蟾（*Atelopus epikeisthos*）。种加词 *epikeisthos* 是希腊语，意为"受到不利环境的威胁"。属名 *Atelopus* 是 19 世纪 40 年代两位法国动物学家创造的，结合了希腊语中的"不完美"和"脚"两个词。可能是因为该属蟾蜍的第一趾明显要短。

人们每年大约新发现一万八千个物种。2020 年，科学家在非洲南部发现 *Smaug* 属，一个蜥蜴新属。属名以电影《霍比特人》中"最贪婪、强壮和邪恶"的巨龙史矛革（Smaug）命名。马达加斯加有三种软鼻变色龙，分类依据一部分是它们分叉阴茎的微小差异。还有一种名为凤凰长颈螳（*Vates phoenix*）的螳螂，在 2018 年底大火摧毁巴西国家博物馆之前，科学家赶巧借出了这号标本，于是借用凤凰浴火重生的寓意来命名。许多新物种是热心的业余人士发现的，有退休人员、儿科医生、公交车司机，以及利用业余时间探索鲜有研究的无脊椎动物和真菌的人士。

甚至在人烟稠密之处，仍有可能发现无人注意的生物。2012 年，我在柬埔寨采访时，遇到一位年轻的英国鸟类学家，他在首都金边周围的洪泛区发现了一种不寻常的橙帽鸟。经过几周的观察和辨听，他和柬埔寨同事确认，这只城市鸟类尚未被科学所知。依照林奈命名法规则，他们为之取名柬埔寨缝叶莺，学名为 *Orthotomus chaktomuk*。

按分类学的行规，科学家不能用自己的名字命名物种。不过，他们热忱地延续了林奈学派的传统，用朋友、敌人和英雄的名字命名物种。有一种马蝇（*Scaptia beyonceae*）以碧昂斯（Beyoncé）命名；一种蜘蛛（*Heteropoda davidbowie*）以大卫·鲍伊[1]命名；一种白蚁（*Rustitermes boteroi*）以哥伦比亚艺术家和政治讽刺画家费尔南多·博特罗（Fernando Botero）命名；一种小小的紫色霓虹灯鱼（*Cirrhilabrus wakanda*）以电影《黑豹》中虚构的非洲国家瓦坎达（Wakanda）命名；还有一种热带甲虫（*Nelloptodes gretae*），长度只有一毫米，以瑞典年轻的气候活动家格蕾塔·通贝里（Greta Thunberg）命名。

《国际动物学命名委员会守则》要求，给物种命名时应尽量避免冒犯真人或公众。但是，还是有一种球蕈甲虫，以美国前总统乔治·W. 布什和他的副总统迪克·切尼命名。

1　大卫·鲍伊（David Bowie，1947—2016），英国摇滚歌手、演员。

2017 年初，一种头部长有黄白色羽状鳞片的蛾子被命名为特新须麦蛾（*Neopalpa donaldtrumpi*）[1]。

就算物种学名冒犯他人，也没有改名的流程。因此，斯洛文尼亚一种没有眼睛的穴居甲虫，就保留了希氏欧盲步甲（*Anophthalmus hitleri*）的学名。这个物种命名于 1937 年，不知道那位昆虫学者是不是想奉承元首（据称希特勒视之为恭维，还寄去了感谢信）。如今，新纳粹收藏家竞相收购希氏欧盲步甲标本，价格高达四位数。人们的捕获力度如此之大，以致该物种几近灭绝。

大部分物种的模式标本，存放在五区这样的地方，但有一个物种非同寻常。1959 年，英国生物学家威廉·斯特恩（William Stearn）在讨论林奈遗产的文章中指出，智人还没有模式标本。斯特恩建议以林奈为模式标本，林奈本人很可能欣然接受，因为他不仅给智人命名，还在自传中五次提及保存自己的身体。这个标本与众不同，没有被泡在酒精里，而是留在了安葬之处。他安息在乌普萨拉大教堂地板上竖立的墓碑下，以人类标本之名受后人纪念。

在与"变动性"和"无形式性"的斗争中，林奈和其他早期分类学家更关心如何便利博物学者之间的交流，而不是

1　这种蛾子黄白色的羽状鳞片，神似美国前总统唐纳德·特朗普（Donald Trump）的发型。

反映不同种类生物体之间的真实关联。在他们看来，生命之树的隐喻更像是一套储藏室的货架，其类别不是由亲属关系来定义，甚至也不以整体相似性来定义，而是由一些方便观察的孤立特征来定义。

林奈生活在查尔斯·达尔文发表进化论之前一百多年。他相信物种是上帝创造的永恒实体。他在《植物哲学》（*Philosophia Botanica*）中写道："自然不会跳跃（*Natura non facit saltus*）。"林奈后来在书中画掉了这句话，显然他对这种观点不再笃定。他写于1749年的论文《自然经济》（*Oeconomia Naturae*）是生态学思想的圭臬。论文认为，生物体"如此紧密相连，如此相互依存，是因为它们目的相同"。但林奈认为，他庄严构想的自然经济中没有资源稀缺，因此物种变化并无必要。

而达尔文意识到资源的确是有限的，而且每种生命均由

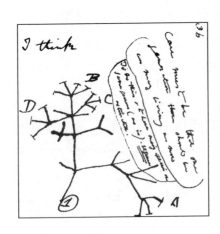

查尔斯·达尔文在1837年绘制的进化"树"草图，显示进化在许多方向上同时进行。他注释道："我认为……情况必然是，每个时代都应有和目前一样多的生命。要做到这一点，以及同属物种（跟现在一样）多样，必然发生过物种灭绝。"

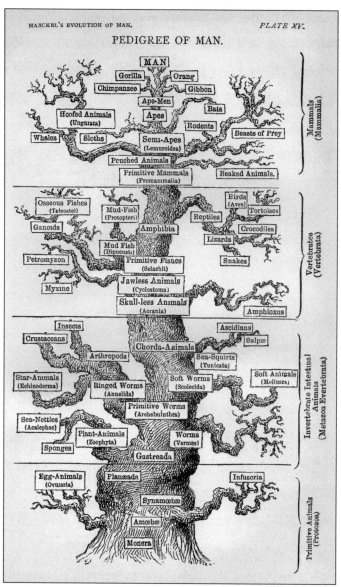

PEDIGREE OF MAN.

恩斯特·海克尔（Ernst Haeckel）于1879年发表的生命之树。进化的方向是"人"。

相互竞争的个体组成。达尔文认为，一个种群中更成功的个体更有可能传递其生存优势。因此，随着时间的推移，种群和物种合并、分化与转变，从生命之树变成谱系之树。1874年，德国动物学家和艺术家恩斯特·海克尔绘制了一幅著名的插图，把进化史表现为参天大树，将生命谱系之树植入公众的想象。这幅插图把智人置于树冠，给达尔文理论赋予海克尔自己对人类命运的认识。

在达尔文之后的几十年里，林奈学派对秩序的探索演变成对起源的探索。科学家开始了解个体特征如何代际传递，分类学家则利用这些特征按假定的进化谱系对物种进行分类。林奈系统的嵌套层次很适合这种新方法，在过渡阶段或多或少能保持完好。然而，到20世纪下半叶，科学家拥有了追踪遗传密码序列的能力时，又提出了新的问题。新问题不仅关乎生命树上物种的排列，而且关乎物种的本质。

在20世纪70年代末，通过分析一种似乎不寻常的细菌的遗传物质，科学家发现了古细菌——一种从未被承认的生命类别。古细菌如此广泛又如此独特，研究人员不得不创建新的分类层次——域。今天，普遍认可的三个生命域是真核生物（包括植物界和动物界）、细菌和古细菌。研究人员已经认识到，古细菌不仅可以将遗传信息代代相传，还能在两代乃至几代之间通过水平基因转移传递遗传信息；我们更熟悉的一些生命形式也是如此。

目前广为接受的物种概念认为，物种是一组能相互杂交的生命体。古细菌以及其他一些发现对这个概念提出了挑战，科学家接着提出了几十种更精细的定义 [关于这种书呆式分类的笑话，历史学家和科学哲学家约翰·威尔金斯（John Wilkins）给了一个模式标本：在 n 个生物学家的房间里，人们可以找到 n+1 个物种定义]。虽然国际动物学命名委员会以及类似组织管理着物种的命名，但对"什么是物种"并没有最终权威解释者。五区的看护人可以证明，新的遗传信息总会引发分类学争论，少有例外。

一些科学家绰号"分裂者"，主张根据微妙的遗传或物理差异来识别新的物种。其他科学家绰号"聚合者"，主张保持尽可能少的物种数量。这些辩论听起来深奥难懂，但确实会对保护产生重大影响。经过多年的分析和争论，研究人员在 2016 年得出结论，长颈鹿不是一种，而是四种，而且至少有两种已经濒临灭绝。与此同时，分类学家提议将公认的老虎亚种从九个减少到两个，只区分亚洲大陆上的老虎和印度尼西亚群岛上的老虎。这就提出了一种可能性，即将西伯利亚数量相对较多的老虎引入到中国极度濒危的老虎种群中。2015 年前后，鸟类学家在审查鸟类分类学的过程中，聚合了一些物种，但分裂出更多物种，最终在全球范围内识别出一千多个新物种。有些物种比它们的前身更加濒危，其他则不那么濒危。

物种分类法始终是人类的建构，受到历史、政治、地理和各种积怨的影响。但是，分类法指涉的生物体是实实在在的，而物种、争议边界和所有这些都反映着真实的关联和区别。无须基因检测，人们就能知道狮子与美洲豹不同，斑马与驴子有异。生物学家可能有朝一日将火斑蟾一分为三，或与另一个物种混为一谈。但毫无疑问，泡制在五区中的火斑蟾，与我有机会近距离看到的每种蟾蜍都有关联，同时它们之间的差异也显而易见。我们对生物现实做出的模糊分类，已经与现实的政治、法律和情感息息相关，这很大程度上归功于林奈清晰的命名系统。总而言之，物种是现代保护运动的基本单元。

　　而我们智人仍在痛苦面对的事实是，我们竟然在如此之短的时间内，可以灭绝如此之多的物种。

第二章

标本师与野牛

1888 年 2 月下旬，春天的脚步开始走进华盛顿特区。而在国家广场南侧，威廉·坦普尔·霍纳迪（William Temple Hornaday）正用戏法变出蒙大拿平原的刻骨寒冷。在崭新的红砖建筑内，一组防窥屏风后，有一个巨大的玻璃红木展柜。霍纳迪跪在展柜的底座上，往上面粘水牛草和鼠尾草，再撒上几把来自蒙大拿领地的土。

　　在这块模拟的草原上，六个毛发蓬乱的身影环绕着霍纳迪。那是两年前他和同伴在两次艰苦卓绝的探险中射杀的野牛。身形最大的那头，是霍纳迪在第二次探险结束时亲手射杀的公牛，从头到尾超过九英尺，重约一千六百磅[1]，肌肉里还埋着六颗旧子弹。相形之下，身高五英尺八英寸的霍纳迪就矮小多了。进入展柜干活儿时，在追捕对象的掩映下，他看起来肯定孱弱不堪。

　　霍纳迪是美国国家博物馆的首席标本师。不久之后，这个机构将改称为史密森国家自然历史博物馆——如今它的藏品满仓满谷，连博物馆支持中心都堆满了。在霍纳迪的时

1　九英尺约为 2.74 米，一千六百磅约为 725.75 千克。

代，对那些喜好冒险的人来说，制作动物标本受人尊敬，甚至有利可图。观察鸟类，采集贝壳，还有进行其他"自然研究"，在北美和欧洲蔚然成风。当时动物园还很少，博物馆渴求富有艺术感的标本。霍纳迪二十来岁就周游世界，猎捕动物，挺过鳄鱼的袭击和致命的疾病，带回有着异国情调的遗体，供博物馆展出。三十三岁时，处于职业巅峰的霍纳迪，投入了一项极具讽刺意味的新任务。

1880 年前后，威廉·坦普尔·霍纳迪（中）和两位同事在美国国家博物馆的动物标本实验室。

在进入蒙大拿领地的探险中，霍纳迪及其同伴捕杀了二十多头野牛。它们都是美洲平原野牛，美洲野牛的亚种，学名 *Bison bison bison*。这些自由徜徉的野牛在美洲大陆上已经所剩无几。在星光璀璨的草原夜空下，霍纳迪剖开野牛的尸体，放干血液，把皮毛和骨头仔细清洗保存好，运到美国东部。他把自己关进博物馆，全神贯注，"尽一位标本师最大的努力"。他用黏土和木头制作了六个野牛模型，再包上野牛厚重的皮毛，然后摆到模拟的草原上。霍纳迪下定决心，要用这些标本来保护躲过他子弹的其他野牛。

在蒙大拿西北角，太阳河和密苏里河交汇处的上方，有一处砂岩峭壁。峭壁长达一英里，在草原上拔地而起，像是冰冻的海浪。如今，这条山脊是先民水牛跳州立公园（First Peoples Buffalo Jump State Park）的核心。早期欧洲定居者把美洲野牛称为"水牛"，他们可能注意到这种动物与非洲水牛和亚洲水牛有几分相似，这个非正式的名字沿用至今。在霍纳迪的年代，以及此前好几百年，许多人称这个地方为皮什昆。皮什昆是黑脚族词语，大意是"鲜血的深潭"。

我在晚春季节到访过这个公园。那天早上，洛基山脉东坡大风吹拂，艳阳高照，万里无云。蒙大拿刚结束的这个冬天，降雪破了纪录，但随着气候的变化，春天来得更早、更快，突如其来的融雪催绿了草原。

在靠近峭壁的缓坡下，我遇到了莱尔·重跑者（Lyle Heavy Runner）。他是黑脚族人，在蒙大拿西北的部落保留地长大。为联邦快递奔波一段时间后，他搬到大瀑布城，住在州立公园几英里外的地方。我们沿着蜿蜒的道路驱车行至山脊顶部，然后步行至峭壁边。远处的太阳河和密苏里河波光粼粼。在我们脚下，除了风，什么都没有。重跑者不寒而栗。"我讨厌高处。"他说。

杀死美洲野牛并不容易。美洲野牛有两个亚种：平原野牛和森林野牛（*Bison bison athabascae*）。两个亚种都身形庞大，不过后者更大，雄性森林野牛的大小和重量几乎跟小汽车一样。野牛无论公母都肌肉发达，受到威胁就会发动攻击，扬起尾巴准备冲锋。虽然体形庞大，但它们却能以三十五英里每小时的速度穿越草原，迅捷甚于多数奔马。野牛巨大的脑袋上长着短而弯的尖角，足以致命。即使在今天，黄石国家公园（Yellowstone National Park）内野牛伤害的游客人数，比棕熊伤害的还要多。

　　重跑者的祖先们知道，最好不要单独对付野牛群。在夏季，野牛聚集到草原上交配和觅食，猎人有时把野牛引诱到围栏里，再用弓箭射杀。如果多个家族联合，就采取另一种策略：到类似水牛跳公园的峭壁下安营扎寨，然后派出一队猎人，悄悄接近牛群。猎人花费数天甚至数周，把野牛引到山脊上。山脊上事先摆好两列平行的石头标记，形成驱赶线路。野牛被猎人赶进驱赶线路，引向悬崖。猎人自己则躲在石头标记后面，待野牛经过时再悄悄跟踪。当蒙在鼓里的野牛接近峭壁的边缘，野牛召唤者——通常是身手敏捷的年轻男子，头戴野牛头饰——冲进野牛前方的路线，大喊大叫，手舞足蹈，吸引野牛的注意。追踪牛群的猎人也鼓噪而进，惊吓野牛。就在野牛慌乱踩踏时，野牛呼唤者冲到峭壁边跳下去，野牛紧随其后。

如果一切按计划进行，野牛召唤者会落到山脊下不远处的狭窄岩架上，野牛们则从他头上跃过，摔到峭壁底部。没有摔死的野牛，被在下面等候的族人赶走。我瞥了一眼峭壁，好奇有没有野牛召唤者曾经错过岩架。"也许吧，但我可不想成为那样的家伙，摔下岩架，被众人议论，"重跑者笑着说，"那样他再也当不了召唤者了。"

讲黑脚语的原住民部落共有四个，黑脚族是其中之一。这些部落统称为黑脚同盟，祖祖辈辈依靠北美平原上的野牛群为生。他们把野牛皮鞣制成毯子和长袍；把野牛骨放到坑里煮，提取牛油；把干牛肉、浆果倒进牛油里，制成干肉饼，这是一种富含蛋白质的零食。野牛对人类生存至关重要，因此也成为人类文化的核心，在种种仪式上被隆重纪念。几年前，布鲁克林博物馆委托重跑者手绘一顶印第安尖顶帐篷。重跑者采用了导师遗留给他的设计方案：一个风格化的野牛头骨，下颌滴血，牛角高举如双臂。

在北美平原上，类似的皮什昆星罗棋布，而且数百年间——主要是 10 世纪到 16 世纪早期——此地始终繁忙无比。在水牛跳公园的峭壁底部，人们挖掘出十三英尺厚的野牛骨沉积层。在认识到它们的考古学价值之前，农民一直挖来当骨粉肥料。

在欧洲征服者到来之前，人类和野牛彼此影响，也塑造着大平原。随着狩猎策略的演变、新技术的出现和经济的变化，野牛的数量起起伏伏。然而，鲜血的深潭再多，也从未威胁到平原上的野牛。美洲原住民用火清除森林、扩大草原，野牛数量很可能因此激增。一些历史学家认为，欧洲定居者是在野牛数量的高峰期来到北美的。

在 18 世纪初，北美估计有两千万到三千万头野牛，如果头尾相接，足以绕赤道一圈。从墨西哥北部到加拿大南部，从俄勒冈州到阿巴拉契亚山脉，都是平原野牛的分布区[1]。1770 年秋天，乔治·华盛顿和几个同伴在西弗吉尼亚州射杀了五头野牛。1806 年，探险家梅里威瑟·刘易斯（Meriwether Lewis）和威廉·克拉克（William Clark）在达科他州的白河口遇到大群野牛。野牛挤挤挨挨，一望无际，把大地染成了黑色。

水牛跳杀伤力再大，对野牛数量也影响甚微，而火枪和马匹留下的印记要深得多。马匹提高了狩猎效率，也加深了美洲原住民社会对野牛的依赖。到 18 世纪末，原住民猎人已经对野牛群造成了一定损失。到 19 世纪，美国东海岸和欧洲对牛皮和皮革的需求激增，诱使商业猎人到美国和加拿大大肆捕杀野牛，逐渐加快了野牛数量减少的速度。一开始，商业猎人主要是美洲原住民，后来绝大部分是白人。1869 年，第一条横贯北美大陆的铁路通车，从此野牛数量

1　墨西哥北部和加拿大南部，分别是美国国境线的南、北两端。俄勒冈州，位于美国西部边境。阿巴拉契亚山脉靠近美国东海岸。这句话的意思是野牛遍布美国全境。

如同自由落体般急剧下降。到 1872 年，牛皮猎人每年射杀一百多万头野牛，常常任由尸体腐烂。经验丰富的猎人能在一天之内杀死一百头野牛。马戏团老板野牛比尔·科迪（Buffalo Bill Cody）声称，他曾在十八个月的疯狂狩猎中射杀超过四千头野牛。

《追捕之后》，蒙大拿摄影师拉顿·艾伦·霍夫曼（Laton Alan Huffman）拍摄于 19 世纪 70 年代末或 80 年代初。1889 年，霍纳迪在报告《美洲野牛的灭绝》中收录了这张照片的版画。

在美国政府对平原部落开战的最后几十年，如火如荼的野牛屠杀开始变成控制敌人的便捷手段。格兰特总统的内政部长哥伦布·德拉诺（Columbus Delano）认为，消灭野牛就能"把印第安人围困到弹丸之地，迫使他们放弃游牧习俗"。1874年，美国国会通过了一项限制野牛捕猎的法案，但遭到格兰特总统的否决。十二年后，霍纳迪和同伴踏上征途，前去捕杀日后在国家博物馆展出的野牛。他当时估计，全美国自由徜徉的平原野牛不足三百头，而在加拿大，根本就没有野牛了。

短短几十年间，黑脚部落同盟的原住民丧失了食物、衣物和文化力量的主要源泉。命运的逆转是灾难性的，而且影响延续至今。研究人员发现，北美平原的部落和原住民，曾经位居全球最富裕社会之列，如今则是最贫穷的。现年六十出头的重跑者记得，幼时在黑脚族保留地，他父亲经常指出曾经用于水牛跳的山丘和峭壁。然而，野牛只留存在他祖父母的童年记忆中。直到离开保留地去上大学，再到黄石国家公园旅行时，重跑者才第一次看到活的野牛。在先民水牛跳州立公园，人们可以近距离接触遥远的过去。今日公园里唯一的野牛，是一具静静屹立在游客中心的标本。

平原野牛，科学家称为 *Bison bison bison*，黑脚语称为 *iinii*，阿拉帕霍语称为 *bii* 或 *heneecee*。在任何大平原地区原住民的语言中，它都意味着生命。野牛几近灭绝，对多数亲身经历的平原部族而言，是锥心之悲剧，致命之威胁。但在北美东部沿海城市，在这些人口和政治中心，野牛灭绝的消息起初更像是一出谣言。它不过是一个故事，来自已知世界的边缘，接近人类想象的极限。

许多人辗转听闻野牛遭到屠杀的消息，但对他们来说，灭绝本身就是比较新颖的奇怪想法。欧洲探险家在大西洋、太平洋和印度洋的岛屿上灭绝了几十种鸟类，但物种是静态和持久的这个假设，并不容易被推翻。一直到 18 世纪末，法国博物学家乔治·居维叶（Georges Cuvier）通过研究大象的头骨、猛犸象和乳齿象的化石，方才证明物种并非永恒不灭，而是可能灭绝，也确实灭绝过。1787 年，托马斯·杰斐逊（Thomas Jefferson）曾利用林奈的神圣集权的自然经济概念（Linnaean concept of a celestially centralized natural economy）来论证乳齿象仍然存在。"自然的经济就是这样，"他写道，"没有任何案例可以证明，自然允许任何一个动物种族灭绝；也没有案例可以证明，自然的鬼斧神工中有任何可被打破的薄弱环节。"1803 年，在派遣刘易斯和克拉克开始著名的北美探险前，杰斐逊曾指示两位探险家留意"稀有或灭绝"的动物——也许他依然对乳齿象的存在抱有希望。

1859 年，查尔斯·达尔文承认，人类可能导致物种灭绝。但他坚持认为，自然的经济平衡或多或少保持稳定。

"我们不必对灭绝大惊小怪。"他写道，因为新物种很快就会取代灭绝的物种。但并非所有人都像达尔文一样镇定。此前数年，在美国大西洋沿岸，亨利·戴维·梭罗曾为"更高贵的动物"从乡村消失而感到悲哀，这些动物包括美洲狮、美洲豹、猞猁、狼、海狸和火鸡。1864年，通晓多国语言的美国外交官乔治·珀金斯·马什（George Perkins Marsh）出版了颇具影响力的书《人与自然》（*Man and Nature*）。他在书中警告说，人类正在造成灭绝。"无数种形态的动植物生命曾经遍布地球，但自人类登场以来，其活动极大地改变了这些物种，有时是改变物种的形态和数量，有时则是使之完全灭绝。"马什写道。与达尔文同时代的英国鸟类学家阿尔弗雷德·牛顿（Alfred Newton）认识到，人类导致的灭绝（他称为"根除过程"）会突然而永久地终结一个血统。他也是最早认识到这个问题的博物学者之一。

在非洲，富有的英国殖民者和旅行者了解到，他们出于运动和获利目的而热衷猎杀的动物是有限的。19世纪70年代，平原斑马的亚种伯切尔氏斑马走向灭绝，仅存几只圈养个体，大象的数量则以惊人的速度衰减。在不列颠群岛，鸟类爱好者开始意识到，他们周围的物种可能跟遥远的太平洋岛屿上的物种一样脆弱。但是，还是有一部分博物学者，很难相信——或者，也许他们更容易不相信——人类可以消灭看似丰富的物种。"我相信可以肯定的是，"1883年，达尔文的朋友和捍卫者赫胥黎（T. H. Huxley）认为，"以我们目前的捕鱼方式，一些最重要的海洋渔业资源，如鳕鱼、鲱鱼和鲭鱼，是取之不尽的。"正如许多欧美人士认为，数量巨大的野牛是取之不尽的一样。

而来自北美边疆的一连串报告清楚地表明，事实上，野牛即将被消灭殆尽。野牛的命运，被一些人视为开疆拓土的英雄故事中难以避免的可悲脚注。"野牛有过辉煌的日子，现在人类要来取代它们，野牛必须为远房亲戚腾出地方，"《旧金山纪事报》发表社论说，"为什么不该如此呢？美国所能培育的最好和最有价值的作物是男人和女人。"动物福利协会（其中许多是由妇女领导的）对平原上"令人作呕的屠杀场面"表示惊恐。但对美国大多数城镇居民来说，野牛不过是抽象的概念，对它们在报告中面临的困境，人们最常见的反应是耸耸肩。

威廉·霍纳迪决定拯救野牛，尽管以他的背景和经历，这个举动在那个时代很不寻常。他十几岁就成了孤儿，在印第安纳州和艾奥瓦州长大，经常在树林和田野里漫游。当时这两个州还是美国的边疆。"长到跟牧羊犬一样思绪纷然时，我开始欣赏田野和森林中野生动物的美丽和神奇。"他多年后回忆说。他在大学里学习制作动物标本，但到二年级时就不耐烦地退了学，转而去追逐凶猛的野兽和个人的荣誉。他到印度猎杀大象和老虎，到南美捕杀树懒和食蚁兽，很少顾虑，甚至可能从未考虑过这些物种的寿命问题。投身保护野牛的事业之前，他职业生涯的大部分时间，都在撸起袖子掏弄动物内脏。

霍纳迪的选择，与其说受到梭罗的启发，不如说是受到威廉·马修斯（William Mathews）的影响。马修斯撰写过一本修行自助书籍《入世》（*Getting on in the World*）。这本书建议，追求自己选择的目标时要诚实、守时、自律和专注。"你一旦发现必须做什么，"马修斯写道，"就全力以赴，因为这是你的责任、你的享受，或者你存在的必要。"虽然霍纳迪在科学界活动，但论训练和性情，他都不是学者。他的第一个雇主，纽约的标本经销商亨利·沃德（Henry Ward），称他为"我的西部人"。在内心深处，他是一位自以为是的边疆孩子，而且正在全力以赴地工作。

1882 年，霍纳迪到国家博物馆时，惊讶地发现博物馆里只有几件虫蛀的野牛标本。他写信给大平原各地的联系人，询问能否获得更多的标本。从联系人的答复中，霍纳迪了解到，美国西部几乎没有自由徜徉的野牛了。"我深受打击，就像遭到当头一棒，"他后来写道，"醒来时昏昏沉沉，突然意识到美国牛皮猎人的工作已经快到头了。"（按照《星期六评论》的叙述，英国首相索尔兹伯里侯爵对非洲大型兽类有大致相同的觉醒。他"突然醒悟到，国家壮丽的财产，帝国伟大的猎物，正被无情挥霍"。）

到底是什么给了霍纳迪当头一棒，目前并不清楚。也许是他对平原联系人报告的血腥和浪费感到愤慨；也许是自己国家出现如此明显的灭绝前景，触怒了他的沙文主义，或是冒犯了他根深蒂固的种族优越感；也许是野牛的困境让他想起自己的青春时代，以及在空旷草原上观察野生动物时的慰藉。不管出于什么原因，这种震惊是真诚的。1886年春天，他依依不舍地告别了妻子和年幼的女儿，出发前往蒙大拿领地。除了两位同伴，他还配备了一把雷明顿双管猎枪、一把史密斯和韦森左轮手枪、两支步枪和大约一千发子弹。他下定决心，至少在玻璃展柜后保留几头野牛，为科学、为公众，归根结底为了这个物种。

霍纳迪和同伴乘坐北太平洋铁路线抵达麦尔斯市。当时麦尔斯不过是蒙大拿领地东南角一个酒气熏天的十字路口。在那里，他们受到友好欢迎，但消息令人沮丧。"所有询问都得到同样的答复，"霍纳迪回忆说，"已经没有了野牛，你到任何地方都找不到。"猎人们还是出发了，进入开阔的平原地带，那里散落着野牛骨头和被太阳炙烤着的野牛肉。他们在酷暑中艰难前行，遭遇冰雹袭击，踩着滑溜溜的靴子，忍受着日复一日的失望。最后，在他们第二次探险中，也是上路后的第七个星期，霍纳迪和三位同伴遇到一小群野牛。他们射杀了四头，包括一头母牛和一头小公牛。随后几天，这支队伍又杀死了十六头野牛。霍纳迪和一名助手屠宰尸体，清洗皮张，有时借助火光干活儿。"洗掉皮张上的血污是可怕的工作，漫长、寒冷、令人厌烦，手会冻僵，背会疼痛。"霍纳迪在日记中写道。

1886 年 12 月初，就在动身回家之前，霍纳迪发现一头巨大的公野牛。他一枪击中公牛肩部，将之打倒，但当他骑着马走近时，公牛挣扎着站起来跑走了。经过短暂的追赶，霍纳迪意识到这头公牛是"一头完美的怪兽"。队伍中没人见过这么大的公牛。"在威严雄壮的公牛面前，"霍纳迪后来写道，"我们捕到的最好的公牛也被忘得一干二净。我心想：直到这一刻，我才对伟大的美洲野牛有了充分的认识。"

这头公牛将成为霍纳迪在博物馆展出的核心。多年后，美国财政部以它为原型，在十美元钞票正面印上一头凶猛的野牛。然而，这位前战利品猎人对自己的猎物并不感到自豪。霍纳迪回忆说，当他站在白雪皑皑的草原上，被公牛垂死的目光紧紧盯住时，他经历了"夺取动物生命时最强烈的不情愿"。

1888 年春天，霍纳迪向公众展示了他的野牛。展览轰动一时，正如他所承诺的。"一点儿蒙大拿——来自野性西部最狂野的一小块——已被移到国家博物馆，"《华盛顿星报》大肆报道，"它是如此之小，小到蒙大拿永远不会怀念它；但它又是如此之大，大到足以让最没有想象力的人都能亲眼看见整个蒙大拿——潮湿的大草原、水牛草、蒿丛，以及野牛。"

正如霍纳迪自述，他将"自然的野性魅力带给数百万足不出户的人们"，以独特新颖的方式表现野牛的困境，令人难忘。不过，他还想要更多。他开始梦想建立一个国家动物园，在那里，不仅可以向公众展示活生生的野牛，还可以繁育野牛，最终将之放归到平原。对他来说，这是一场正义之战中顺理成章的下一步。"没心没肺且毫无意义地灭绝野生状态下的野牛，这是国家的耻辱。我们现在有必要承担起责任，繁育和保护一群活生生的野牛。这多少可以洗刷国家的耻辱。"他写道。

史密森学会秘书处支持这个提议，国会同样支持。霍纳迪负责监管购买场地，用来建立国家动物园。但是，霍纳迪生性多疑，而且固执己见，在动物园设计问题上与史密森学会领导层发生分歧。虽然项目继续进行，但霍纳迪于1890年卸任，与妻子约瑟芬和女儿海伦退居纽约水牛城。他在那里进行房地产投机，创作小说，舔舐职业创伤。

与此同时，野牛的数量还在急剧下降。1872年，黄石国家公园创立，但目的是保护风景，而不是野生动物，公园内的野牛猎杀几乎有增无减。1897年，黄石国家公园以外最后四头自由奔跑的平原野牛，被射杀于科罗拉多州的山沟里。五年后，美国军方试图控制黄石的盗猎活动，而公园内的野牛已减少到不足二十头，另外，公园周围的牧场里还幸存有少量平原野牛。几十年后，人们在加拿大北部发现一个孤立的森林野牛种群。尽管如此，这个在北美大陆徜徉了数千年的物种，实际上已经灭绝了。

1896 年，退居水牛城六年后，霍纳迪获聘主管一座新的动物公园，即后来的布朗克斯动物园。摆脱放逐的状态让他很是开心。在约瑟芬和海伦到纽约市与他会合前不久，他给妻子写了一封深情款款的信件，把妻子戏称为"水牛城的皇后"。"这里天气很好，"他写道，"如果你在的话，我们可以到布朗克斯公园去吃荷花，一起度过光辉灿烂的一天。"

然而，周围的城市并没有让霍纳迪见到什么光辉。在南北战争之后的几十年里，美国已从乡村社会蜕变为工业社会。铁路系统蓬勃发展，工厂数量翻了三番，城市化进程已在高速发展，一千万移民的到来更是火上浇油，来自东欧和南欧的移民越来越多。霍纳迪尖刻地指出，纽约已经成为"异族城市"，被"来自里加 [1] 贫民窟的犹太人"所占领。

这些变化激发了富裕的城市居民对开阔空间的怀念。他们担心，如果没有开阔视野来焕发精神，美国白人的阳刚之气会在新社会中腐朽衰退。1910 年，哲学家和心理学家威廉·詹姆斯（William James）讽刺纽约是"一个由文员和教师构成的世界，一个男女同校和不知廉耻的世界，一个由

1　里加（Riga），拉脱维亚共和国首都，也是该国重要的港口城市。

'消费者联盟'和'慈善机构'组成的世界，一个无节制的工业主义和不加掩饰的女权主义的世界"。许多人被诊断出神经衰弱，也加强了这种恐惧。神经衰弱这种疾病，现在可能称为焦虑症或抑郁症。不久前还被视为阻碍现代文明发展的边疆地带，却成了治疗神经衰弱的标准处方。患病的年轻人被送到西部领地去打猎度假，就像英国的同龄人被送到非洲殖民地搞一搞刺激的冒险一样。

对霍纳迪和他在纽约动物学会最亲密的同事来说，这些关切明确而强烈地关系到种族焦虑。麦迪逊·格兰特（Madison Grant）是曼哈顿的风云人物，二十九岁时就帮助创建了纽约动物学会。他是那个时代最有成效的保护主义者之一，成功推动州和联邦推出几项法案，限制商业性和"非运动性"狩猎。格兰特本人也是一名猎人。当时人们普遍认为，狩猎是富人和白人享有的高尚消遣。他认同这种观点，但同时也谴责生计性和商业性狩猎影响了他心爱猎物的数量和基因。

格兰特对遗传的力量有着坚定的信念，认为自己所属的"亚种"——纯正的北欧血统，他称之为"北欧种族"——同样受到移民和通婚的威胁。1916 年，他写了一本科学小册子《伟大种族的消逝》（*The Passing of the Great Race*）阐述这些观点。这本书在美国受到热烈欢迎，翻译成德语后，被阿道夫·希特勒誉为"我的圣经"，并将其主张纳入自传

《我的奋斗》。（格兰特的书流毒至今。2011 年，挪威极端分子安德斯·布雷维克谋杀了七十七人，包括六十九名挪威工党的年轻成员。实施谋杀之前，他写了一份信口雌黄的宣言，其中还引用了格兰特的书。）

纽约动物学会另一位核心人物是亨利·费尔菲尔德·奥斯本（Henry Fairfield Osborn）。他是一位知名古生物学家，供职于纽约美国自然历史博物馆。奥斯本声名狼藉，极为傲慢，而且惯于沽名钓誉，经常在博物馆下属撰写的论文上强行署名。但他急切地拿起笔为《伟大种族的消逝》作序，赞扬它的洞察力，呼吁"保护真正代表美国精神的种族"。

霍纳迪和格兰特、奥斯本成为实际掌控动物学会的"三巨头"。霍纳迪容许了这些观点，在许多场合中还积极地为之背书。他同样看不起商业性和生计性猎人，习惯性地将狩猎最糟糕的影响归咎于他人：其他种族、民族和国家的人。他坚持认为，美国原住民猎人和白人商业猎人对屠杀野牛负有同等责任，尽管当时证据支持相反的观点。

霍纳迪对人类同胞的冷酷无情在 1906 年表现得淋漓尽致。当时，他和动物学会的同事强迫来自刚果的年轻人奥塔·本加（Ota Benga）与一只红毛猩猩一起在灵长类馆中生活。本加身材矮小，被南卡罗来纳州传教士塞缪尔·菲利普斯·弗纳（Samuel Phillips Verner）从家乡带走。据说他有二十三岁，不过在北美人眼里要年轻得多。每天下午，他坐在铁栅栏里编织麻绳垫子，数以万计的游客前来围观。一群著名的非裔美国牧师抗议囚禁本加。霍纳迪驳回了他们的担忧，声称这个"展览"具有科学价值。但是，骚扰本加的人越来越多，本加也开始反抗抓他的人，公众的批评越来越多。最后，经过三周的争论，牧师詹姆斯·H. 戈登（James H. Gordon）促成本加获释，帮助他在美国生活，最终安排他在弗吉尼亚州定居。

在给纽约市长的一封信中，霍纳迪毫无悔意地预言道："将来书写动物园的历史时，这件事将成为最有趣的段落。"然而，霍纳迪的自吹自擂，并不能抚平本加遭受的创伤。十年后，断定自己不可能重返刚果，奥塔·本加朝心脏开枪自杀。

在霍纳迪为国家博物馆野牛展览做准备的几个月里，能一窥堂奥的访客寥寥无几，年轻的西奥多·罗斯福就是其中之一。1887 年，路过博物馆的罗斯福刚刚在纽约市市长的竞选中落败。罗斯福是热诚的猎人，少时体弱多病，成年后健壮如牛，罗斯福将这个转变归功于"艰苦生活"。和霍纳迪一样，他对野牛深深着迷。不久前，罗斯福创立了布恩和克罗克特俱乐部[1]。俱乐部由富裕的猎人组成，他们渴望维

---

1 1890 年，布恩和克罗克特俱乐部成立于纽约市，以开展户外生活和保护野生动物为核心。该俱乐部有明确的纲领，建立了完善的组织体系，产生了广泛深远的影响。俱乐部吸引了一批美国主流精英，后来成为美国总统的西奥多·罗斯福是该俱乐部的第一任主席。

持自由活动的猎物种群以供消遣。罗斯福的朋友格兰特和奥斯本都在俱乐部的领导层中。该俱乐部后来孵化和支持的纽约动物学会，成为美国早期保护运动的中心。

无论于公于私，罗斯福对保护的奉献都是传奇性的。他在 1901 年至 1909 年担任美国总统期间，把将近二十五万英亩[1]的公共土地划为国家公园、森林、纪念公园和野生动物保护区。跟格兰特、奥斯本和霍纳迪一样，罗斯福对拯救野牛的承诺是真诚的，但也充满种族主义。他坚信，要追求艰苦生活，野牛就必不可少；而要造就白人的男子气概，艰苦生活也必不可少。罗斯福表示，拓展边疆的斗争造就了"坚强的美国人种"，一个通过"与弱小种族的冲突"来检验和优化自己的族群。罗斯福生不逢时，无法在北美边疆施展拳脚，于是转向海外边疆。在美西战争[2]期间，他在古巴英勇作战，扬名全国。在担任总统期间，他试图扩大美国在海外的影响力。

罗斯福没有忘记霍纳迪及其野牛标本。1905 年，他与布恩和克罗克特俱乐部的几位成员帮助霍纳迪成立了美洲野

---

1 英美制面积单位，1 英亩约为 4047 平方米。
2 美西战争，指 1898 年美国为了夺取西班牙在美洲和亚洲的殖民地而发动的战争，最终美国获胜，古巴独立，西班牙割让其殖民地关岛和波多黎各给美国，并将菲律宾低价卖给美国。罗斯福时任美国海军部副部长，积极主张对西作战，并作为代理部长指示了海军亚洲分舰队在菲律宾群岛的作战。此后，他辞去了海军部的职务，建立义勇骑兵团参加古巴战场。这为他积累了政治声望，树立起英雄形象，使其在 1901 年接任美国总统。

牛协会——一个致力于恢复野牛群的私人组织。该协会经常利用人们对工业化、男子气概和种族衰退相互交织的焦虑，以野牛为解药，向城市精英寻求资金支持。在野牛保护同道的推动下，霍纳迪重启停滞不前的野牛圈养计划。他首先向得克萨斯州和俄克拉何马州的牧场主购买了七头野牛。圈养并不容易，早期圈养的几头野牛见到动物园里郁郁葱葱的绿草，暴食而死；繁育工作也进展缓慢。不过野牛与家牛有很多相同之处，因此能使用熟悉的饲养技术。经过几年试验，霍纳迪在布朗克斯动物园的中心地带重建了一个小型野牛群。

霍纳迪不知道他的野牛能否在无人持续照料的情况下生存，更不用说成功繁殖了。但他相信，它们是野牛仅存的最大希望，便决心将它们移出城市。霍纳迪计划在阿迪朗达克山[1]放归布朗克斯动物园圈养的野牛，但遭到纽约州州长的否决。于是，霍纳迪将目光转向俄克拉何马州领地，1905 年罗斯福在那里创建了威奇塔国家森林和狩猎保护区。保护区水草丰美，非常适合野牛群，而这片草原正是从阿帕奇人、科曼奇人和基奥瓦人手中夺取的。

霍纳迪的故事中充满讽刺，而这是最核心的讽刺：霍纳迪及其盟友认为，拯救野牛的行动与依赖该物种生存的人们毫无关系，而更关乎他们自己的错误观念——保护美洲野

---

1 阿迪朗达克山是美国纽约州东北部的一处山地，面积 240 万公顷，也是纽约州的第一高峰。

牛，意味着巧取豪夺式的国家的进步。

　　种族焦虑并不是霍纳迪推动保护的唯一动力。1900年，野生旅鸽被最终证实已经迅速彻底灭绝，这表明商业猎人可以摧毁数量最为丰富的物种。（"书本上和博物馆里永远都有旅鸽，"四十年后，保护主义者奥尔多·利奥波德反思道，"但不过是标本和图画，让人们对其中蕴含的所有艰辛和欢悦毫无反应。"）数百万人看过或听说过霍纳迪在国家博物馆展出的野牛。野牛的灭绝，曾被许多人视为开疆拓土过程中不可避免而令人遗憾的后果，而现在已被视为不必要的悲剧。"现在普遍认为，危害任何动物物种的生存，在伦理上都是错误的。"加州博物学者约瑟夫·格林奈尔（Joseph Grinnell）几年后宣称。约瑟夫·格林奈尔是保护主义者、布恩和克罗克特俱乐部成员乔治·伯德·格林奈尔（George Bird Grinnell）的远房表亲。他可能过于乐观，但基本上是对的：公众对物种灭绝的态度已经发生了变化。

　　更具讽刺意味的是，反对野牛灭绝不再有政治风险。到20世纪初，这个物种早已在野外消逝，保护野牛对金融利益或军事战略不再构成任何威胁。将几头野牛放回草原，无论在金钱方面，还是其他方面，都无须什么重大的成本。

1907 年 10 月 11 日，十五头在城市中被养大的野牛在布朗克斯动物园被轰进木箱，然后在纽约福德姆车站装上火车。在纽约动物学会的职员、俄克拉何马州牛仔和艺人弗兰克·拉什（Frank Rush）的陪同下，这些野牛在七天里行驶近两千英里，来到新的家园。在抵达俄克拉何马的卡奇市之前，野牛在州博览会上短暂停留，在那里受到了热情欢迎。科曼奇族首领昆那·帕克（Quanah Parker）也前来致意。接着，这些不安分的野牛依旧被装在木箱里，由马车运送最后的十二英里，抵达保护区。在那里，人们给野牛涂上防虱子的原油，然后释放到畜栏中，等候环绕畜栏的八千英亩围栏完工。

威奇塔的野牛不会像它们的祖先那样流浪，但几十年来几乎所有野牛都没有它们漫游得远。全国上下都在庆祝野牛的到来。霍纳迪远非唯一的野牛捍卫者，却被誉为它们的救世主。"作为使美洲野牛免于灭绝的主要保护者，布朗克斯动物园的霍纳迪主任应得到全国的感谢和鼓励。"《纽约时报》发表社论说。当年 11 月，俄克拉何马州的野牛群迎来一头公牛犊，看护人员给它取名为霍纳迪。

随着威奇塔牛群蓬勃发展，1908 年，霍纳迪说服国会设立新的野牛保护区。联邦政府最近从蒙大拿西北部弗拉特黑德保留区划出一万九千英亩土地，新保护区就建立在那里，名为国家野牛牧场。美洲野牛协会筹集资金购买了三十四头野牛。到 20 世纪 20 年代初，野牛已发展到五百头。北太平洋铁路公司开始在餐车上供应来自国家野牛牧场的肉。正是这家公司，曾经运载霍纳迪及其同伴和私人武装穿过中西部，将之送到蒙大拿。铁路公司向顾客保证，这些肉事关动物保护，有一种特别的爱国风味。

到 20 世纪 30 年代中期，美洲野牛协会最终停止收取会费。彼时，北美已有两万头野牛，大部分生活在封闭的大面积保护区内。这些牛群远没有达到曾经遍布草原、令大地变色的程度，不过足以确保这个物种持续生存很长一段时间。

霍纳迪在美国恢复了野牛种群，但他没有恢复这个物种在自然界中的地位。直到 1866 年，动物学家恩斯特·海克尔才创造了"生态学"（ecology 或 *Oecologie*）一词，指代对生物体之间以及生物体与环境之间关系的研究，或者是"对达尔文认为关系到生存斗争的所有错综复杂的相互关系的研究"（"生态学"和"经济学"的词根都是古希腊语的 *oikos*，指家庭和家族）。当霍纳迪把野牛从布朗克斯动物园运到俄克拉何马草原时，生态学刚刚开始发展成一门正式的学科，而霍纳迪也不是生态学家。基本上，他把野牛当作牲畜对待，放任自流，没有过多考虑它们在生物网络（即达尔文所描述的"纠缠的河岸"）中的作用。

但是，此后几代科学家和保护主义者将会获知，野牛曾经真正地成为大草原的一部分。它们用粪便给土壤施肥，用蹄子压平树苗和灌木，每年春天密集地取食，延长本地草本的生长季。在黄石国家公园，野牛对植物生长时间的影响仍然比天气还要大。

　　在过去一个世纪里，工业化耕作持续扩张，而自由徜徉的大群野牛长期缺席，使得北美高草草原的总面积大为减少。高草草原的面积曾经堪比得克萨斯州，如今仅比特拉华州大[1]，使之成为全球最濒危的景观之一。霍纳迪曾经寻找野牛的北方短草草原，面积也萎缩了。

　　剩下的草原从根本上变得不同了。加拿大生态学家韦斯·奥尔森（Wes Olson）称自己的研究对象为"野牛鼻涕生态系统"和"野牛粪便生态系统"。他发现，野牛在草原上抽鼻子时，通过鼻子和嘴摄入的微生物有助于分解草料的纤维素。每一堆柔软湿润的野牛粪便，可以养活一百多种昆虫。而在野牛数量庞大的时候，这些昆虫又能养活鸟类和小兽群落。但现在，这些物种中的大部分在草原上都很少见了。没有野牛——没有野牛的鼻涕和粪便，没有其他有关的动物——大草原变成了更小、更安静的地方。

1　得克萨斯州面积 696241 平方千米，特拉华州面积为 6452 平方千米，减少了两个数量级。

20 世纪 90 年代，黑脚族从霍纳迪的保护区购买了大约一百头野牛。埃尔文·卡尔森（Ervin Carlson）是黑脚族牧场主，也是部落农业部门的负责人，负责监督牛群。随着牛群数量的增长，他开始思考是否可以在落基山脉北部恢复真正自由徜徉的野牛群。2008 年，生物学家基斯·奥尼（Keith Aune）从长期工作的蒙大拿州野生动物管理署退休。卡尔森与奥尼联系，讨论让更多野牛返回黑脚族保留地的可能性。

　　奥尼与卡尔森一样，对野牛兴趣浓厚。几年前，他曾访问过布朗克斯动物园——那里也是国际野生生物保护学会（Wildlife Conservation Society，简称 WCS）的总部——提议帮助重启美洲野牛协会。通过恢复野牛协会，他希望使平原野牛与生态景观重新关联起来，更关键的是，与今日在这片土地上生活的人们联系起来。

　　在接下来的几年里，奥尼从国际野生生物保护学会获得资金和支持，恢复了黑脚部落保留地的野牛种群。黑脚部落同盟的成员也发起了一个组织，名为伊尼倡议（Iinii Initiative）。"伊尼"即黑脚语中的野牛。伊尼倡议协商起草了名为《水牛条约》的协议。三十多个来自美国和加拿大的部落和原住民组织签署了该协议，其中一些部落甚至长期彼此仇恨。协议敦促签署机构积极促成野牛种群的恢复。

　　2016 年 4 月，一个多风的阴沉下午，在黑脚族保留地双药河（Two Medicine River）平坦开阔的南岸，黑脚部落同

2016 年 4 月，黑脚族野牛管理人谢尔顿·卡尔森（埃尔文的大堂哥），站在一辆装着来自麋鹿岛国家公园的野牛犊的拖车旁。

盟的成员齐聚一堂。长老们裹着带亮色羊毛条纹的哈得孙湾牌毛毯，站在坐立不安的小学生旁边，人人都在引颈眺望河上的峭壁。地平线上终于出现一列年轻骑士的剪影。他们身后是一队白色的牲畜拖车，装载着来自加拿大阿尔伯塔省麋鹿岛国家公园的野牛犊。这批小野牛是黑脚族领地最后一批野牛的直系后代，一共有八十八头。20 世纪初，加拿大政府向有黑脚族血统的米歇尔·巴勃罗（Michel Pablo）购买过一群半野生的野牛。一百多年后，它们回到了祖先的家园。

　　保留地内外，人们衷心地庆祝麋鹿岛野牛的回归，但并非没有争议。牧场主，包括一些部落成员，担心大群野牛跟他们争夺放牧地和市场份额，不管是否用围栏把野牛围起来。黄石国家公园内及周边的野牛还携带布鲁氏菌病[1]，会传

1　一种由布鲁氏菌引起的常见的动物源传染病。

染家牛。虽然尚无证据表明野牛携带的布鲁氏菌病会直接感染家牛，但光是可能性就引起了极大忧虑，进而让牧场主和野牛捍卫者的关系恶化。（出于公众对布鲁氏菌病的担忧，黄石国家公园同意限制公园内野牛群的规模。因此，黄石国家公园每年都有几百头野牛被运往屠宰场或被持证射杀。）

毫无疑问，野牛能惹麻烦：体形巨大，受到挑衅时很危险，不知交通线路和地产界线为何物。蒙大拿的加德纳城位于黄石国家公园北部入口附近，野牛常常到那里的高中橄榄球场上吃草。调皮捣蛋的学生，就被罚去清理草皮上的野牛粪。

恢复野牛种群，尽管有其历史渊源，但也代表一种不受欢迎的变化。在蒙大拿州中部 4.4 万英亩的草原上，一个名为美国草原保护区（American Prairie Reserve）的团体已经重建了一个野牛群。野牛数量超过八百头，许多是霍纳迪在布朗克斯动物园饲养的野牛的后代。保护区创始人肖恩·格里提（Sean Gerrity）是蒙大拿人，也是成功的硅谷企业家。格里提希望，有朝一日能购买或租赁超过 300 万英亩的公共和私人土地，让野牛恢复以前的漫游模式。保护区只跟有意愿的土地所有者合作，为长期受到干旱和经济冲击的地区带来就业机会和其他好处。尽管如此，许多牧场主认为这些做法是对他们的生计和身份的攻击。

然而，即使反对恢复野牛种群的人，也同样认可生物学家李·琼斯（Lee Jones）的观点，即野牛是"一种重要的东西"。人们普遍认可野牛对于历史、文化和北美景观的重要性。自美洲野牛协会复兴以来，一个松散的、各自为政的运动就形成了。部落和原住民、私人保护团体、州和联邦机构以及其他组织都参与其中，支持恢复野牛种群。从墨西哥北部到北极圈，该运动的项目遍地开花。

欧洲也在开展类似的野牛种群恢复工作。欧洲野牛跟美洲野牛一样，都是史前草原野牛的后代。最后一群欧洲野牛长期生活在波兰和白俄罗斯边境地带。如今，欧洲野牛已被重新引入德国、法国、荷兰等地，定居到几个世纪前的故土上。

黑脚族保留地连绵起伏的山丘上，开满了鲜黄色的香根花（balsamroot flower），而远处落基山脉的山脊还覆盖着薄薄的积雪。那是 6 月初，在保留地最大的城镇布朗宁，未铺设路面的后街尘土飞扬。在加油站和咖啡馆里，人们谈论着刚结束的冬天：谁家的丙烷用完了，谁家损失的牛最多，谁家的情况最糟糕。

不过，在双药河两岸的草滩上，野牛的情况还不错。黑脚族管理着两个野牛群，共约八百头。按照约定，当地可以利用其中一群野牛，需要保护来自麋鹿岛的另一群。麋鹿岛的野牛已经完全长大。在阳光明媚的围场里，新一批牛犊磕磕绊绊地站在母亲身边，它们短小的金褐色毛发与成年野牛尚未完全脱落的厚重冬毛形成了鲜明对比。卡尔森和我从卡车上下来，走近牛犊。这些动物警惕地打着响鼻。一头小牛扬起尾巴，撒了一大泡尿。它可能是恐惧，也可能是蔑视，或者二者兼而有之。我想起黑脚族查理·克罗酋长（Charlie Crow Chief）的评论："它们认出了一个陌生人。"卡尔森自豪地打量着它们，笑着说："我认为这群野牛只是在保护自己，直到它们准备好，我们也准备好。"

野牛感受到了天气的变化，沿着围栏踱步，相互推搡。目前，北美平原上估计有五十万头野牛，约有三万头用于保护，而不是销售。因为政治原因，围栏一直没有拆除，只有极少数野牛是完全自由放养的。卡尔森现任黑脚族野牛恢复项目经理，他期待有朝一日野牛能像麋鹿或白尾鹿一样在草原上漫游，而且他可能会看到这一天。如果正在进行的讨论取得成功，人们将允许麋鹿岛野牛群随意向北移动，进入冰川国家公园，甚至跨越美加边界。

卡尔森说，当霍纳迪在美国将野牛从灭绝边缘拯救出来时，他并没有考虑黑脚族人，但这两者密不可分。"那时候，有些人认为，如果你杀了野牛，你也就杀了印第安人，"他说，"嗯，今天野牛在这里，我们也在这里。"

麋鹿岛野牛群基本上是自力更生，多数部落成员只能从远处遥望它们。这些动物还未能使大草原复兴，也未能使之恢复到它们的祖先遭到屠杀时的规模。但是整个保留地都能感受到它们的存在，人们还开展了各种项目，比如：黑脚语学校的野牛肉午餐计划、当地高中的水牛跳重演。当然，水牛跳重演没用真正的野牛，也没有致命的危险。学生们每年都参与猎杀供当地利用的野牛群，学习屠宰野牛时会让鲜血溅满全身。不久前，莱尔·重跑者和一位朋友在先民水牛跳州立公园附近租了几英亩土地，养了一群西班牙野马。这种马吃苦耐劳，平原部落曾经长期用来狩猎野牛。重跑者把马匹捐赠给黑脚族野牛项目组织，用来驱赶野牛群。

如今，野牛不再像野牛召唤者跳下悬崖的时代那样，对人类的生存具有根本性意义。但从另一个角度来看，也许它们依然具有重要意义。在黑脚同盟议事会的一次会议上，野牛项目工作人员和来访的保护人士聆听长老们谈论野牛的复兴。长老那一代人在黑脚族人失去野牛几十年后出生，在麋鹿岛牛群回归前几十年就已经成年，但他们对这个物种的崇敬，显然深入骨髓。贝蒂·克罗酋长热泪横流，诉说在她兄弟心脏病发作住院期间，曾看到野牛的图像在房间的墙上移动。许多听众频频点头，并不惊讶。

霍纳迪为史密森学会建造的野牛展柜，持续展出了七十多年。1957 年，史密森学会的工作人员拆除展柜时，在展柜底座的蒙大拿土层下，发现了一个小铁盒。铁盒里存放着霍纳迪一篇文章的副本，还附有他本人的说明。这篇文章曾发表在《大都会》(*Cosmopolitan*)杂志，记录了他在蒙大拿领地的探险经历。霍纳迪以其惯有的傲慢、洞察和感性，预测自己的作品将经久不衰，而后人将发现它的不足。

致我杰出的继任者：

　　亲爱的先生，随信附上一份关于捕获这组标本简短而真实的说明。你在这里看到的老公牛、小母牛和一岁小牛是我亲手杀死的。当我归于尘土，我恳请你们保护这些标本，勿使其变质和毁坏。当然，与你们将来制作的标本相比，它们尚显粗糙。但你们必须注意到，在这个时候（公元1888年3月7日），美国动物标本学派刚被认可。

　　因此，要给这家伙应有的待遇，不要谩骂。

Wm.T. 霍纳迪

美国国家博物馆首席标本师

　　史密森学会的工作人员确实打算销毁这些展品，但霍纳迪的恳求阻止了他们。他们将这六具标本捐给蒙大拿州的一些收藏机构，这些机构后来将标本放在州内若干储藏室内。20世纪80年代，俄勒冈州博物学者道格拉斯·科夫曼

（Douglas Coffman）开始寻找这些标本，他最终在蒙大拿州本顿堡的北方大平原博物馆找到了。本顿堡是密苏里河畔的一个小镇，当地的特色旅游是边疆怀旧。标本只需要一些小修理，其中一具需要新鼻子。因为霍纳迪用砷处理过他的艺术品，使之不受时间和昆虫的影响。

今天，这些标本矗立在小博物馆的中心，聚集在模拟的蒙大拿草原上，就像霍纳迪在防窥屏风后建造的那样。它们被恭敬地照亮，体形庞大得令人印象深刻，宛如在世，令人震惊。它们看起来比今天平原上的野牛更高、更重，因为今天的许多野牛都带有杂交的家畜基因。最大的野牛，霍纳迪曾经面对且遗憾射杀的那头公牛，用玻璃眼睛盯着房间里的参观者。不难想象它绷紧了肩膀上的肌肉，随时准备行动。在第一次探险中，霍纳迪和他的手下曾活捉过一头野牛犊——桑迪。桑迪曾在国家博物馆的草坪上被短暂地展示过，直到它吃了太多苜蓿，不幸死去。人们也在这里纪念桑迪，它的遗体在成年野牛庞大的阴影下"战战兢兢"。

这些野牛不喷鼻，不吼叫，也不排粪给草原施肥。它们不会用蹄子拍打地面，或者摇头晃脑以示威胁。你可以比任何人都更接近野牛，但它们永远不能告诉你自己曾经是谁。要想感受霍纳迪来之不易的遗产，我更愿意去黑脚族保留地里观察伸展腿脚的活生生的野牛。但不难理解为什么有那么多人排队观看这些毛皮和黏土的巧妙制品，也不难理解人与标本的每一次接触如何促进了美洲野牛复兴运动。因为当看到它们摆出架势，仿佛要离开那片小小的草原时，我不禁想让它们奔跑起来。

对于保护运动来说，美洲野牛是一项决定性的事业，团结了雄心勃勃的精英白人。他们对野牛以及国内外其他大型兽类的崇拜，植根于民族主义、种族主义和对狩猎的热爱。他们形成了历史学家斯蒂芬·福克斯（Stephen Fox）所说的"精英阴谋团体"，奋力保护他们的猎物，以及他们自己。

对霍纳迪来说，拯救野牛只是他漫长人生的一个篇章，他很少故步自封。在后来的年月里，他支持保护法案，使其他物种免遭野牛的命运。他说服美国政府签署第一份国际野生生物保护条约，也就是与俄罗斯、英国和日本签订的海豹保护协议。他抨击屠杀鸟类、制作女帽。七十多岁时，他支持保护界内部的暴动，鼓励纽约鸟类爱好者罗莎莉·埃奇（Rosalie Edge）对抗曾经支持自己的运动家们。霍纳迪坚持要求运动家们为那些他们甚至都不喜欢的物种说话，虽然他自己也没有做到。

第三章

泼妇与鹰

1929 年 10 月 29 日上午，曼哈顿岛南端，紧张的银行家、股票经纪人、交易员和邮递员蜂拥挤进纽约证券交易所的大厅。近几年来，数百万市民的投资拉动股市飙升，许多人耗尽积蓄购买股票。9 月初，股票价格急剧下跌、回升，然后下跌、下跌，不断下跌。几天来，交易员通宵达旦，处理惊慌失措的卖家的种种需求。当星期二早上开市的锣声响起时，证券交易所的医疗部门正在为焦虑的交易员开镇静剂。

证券交易所向北五英里，在东七十二街自己的豪华房子里，查尔斯·诺埃尔·埃奇夫人穿上优雅的衣服，走到附近的中央公园。那天早上多云，而且异常寒冷。她踏进公园，举起望远镜寻找鸟类。沿着小路慢慢向西，穿过成片的树林，她观察到一只旅鸫、一只椋鸟、一只拟八哥、一只灯草鹀和几种麻雀。她到达目的地美国自然历史博物馆时已经晚了，不过她后来回忆道："享受鸟儿的陪伴后，我很开心，很放松。"

当她走进博物馆一层的一个小房间，里面发出了好奇的声音。全国奥杜邦学会（National Association of Audubon Societies）正在房间里召开第二十五届年会。多年前，埃奇就已成为该学会的终身会员。但学会的年会通常是董事和雇员的家庭聚会，因此，在场人士显然对一名会员的出现感到惊讶，哪怕她是终身会员。她被领到前排就座，瞥见窗台上歇息着一只隐夜鸫。

埃奇听到，动物学家和董事会成员西奥多·帕尔默（Theodore Palmer）在演讲结束时赞美学会。她后来语带讽刺地回忆起这一幕："这是我第一次听到奥杜邦学会赞美自己。我知道它是多么伟大和优秀，这让我印象深刻。"不过，帕尔默的自豪感货真价实。这个全国性学会代表着一百多个地方性学会。在公众对野生动物，特别是鸟类备感兴趣的年代，它是北美乃至全球领先的保护组织。学会的董事们都是广受尊敬的科学家和成功的商人，部分董事在曼哈顿持有大量股票。

帕尔默在发言总结时提到，学会已经"体面地退居二线"，但他没有对《保护中的危机》（A Crisis in Conservation）做出回应。这本新近出版的小册子指责全国奥杜邦学会为运动家服务胜过为鸟类服务。埃奇举手，站起来发言，因为《保护中的危机》正是她出席的原因。"作为学会的忠实成员，该如何回应这本小册子中提到的指责？"她问，"事实到底是什么？"

当时，埃奇已经快五十二岁了。她比一般人略高，有点儿驼背，也许是长时间伏案写信的缘故。她喜欢黑色的绸缎裙子和时尚繁复的帽子（虽然从来不插羽毛），头发灰白，在脑后简单地打了个结。她说话总是很有分寸，口音饱满而有修养，习惯把短语单独抽出来加以强调。如愿以偿时，她可能会假装不苟言笑。她那双锐利而引人注目的淡蓝色眼睛一直在观察周围的环境。她的标志性态度是带着迫切的警惕，被《纽约客》一位撰稿人形容为"介于玛丽王后[1]和可疑的指示犬之间"。

埃奇向奥杜邦董事们提问题时彬彬有礼，但也非常尖锐。学会是否像小册子上说的那样，默默支持阿拉斯加猎杀白头海雕的做法？它是否赞同通过法案，允许将野生动物保护区变成公共射击场？据她多年后回忆，在她的质问之下，会场内先是一阵沉默，然后转瞬间暴怒。

弗兰克·查普曼（Frank Chapman）是博物馆鸟类馆的馆长，奥杜邦学会杂志《鸟类知识》（*Bird-Lore*）的创始编辑。他从观众席上站起来，愤怒谴责这本小册子、它的作者和埃奇的无礼行为。查普曼的博物馆同事罗伯特·库什曼·墨菲（Robert Cushman Murphy）是海鸟馆馆长和著名的南极博物学者，他站起来为埃奇的提问权利而辩护。为了

---

1 玛丽王后，英国国王乔治五世的妻子，20世纪英国王室的大家长，历经英国六朝，长达60年的王室阅历使其具有举足轻重的地位，性格严肃古板。

强调他的观点，墨菲询问埃奇是不是学会的会员。她愉快地向他保证，她是一名终身会员。但这个事实没能安抚任何人，又有几位奥杜邦的董事和支持者站起来斥责这本小册子及其作者。根据会议记录，墨菲称这本小册子"从头到尾充斥着悲惨的语气"，还说它"蕴含的怨恨远远多于对保护的真正热情"。在一片喧哗之中，埃奇仍坚持不懈，"尽可能地展示善意"。学会对这本小册子的指控没有做出任何回应。难道这些指控"严重到必须开着玩笑忽视"？"我恐怕站起来得过于频繁了。"她假装懊悔地回忆道。

当埃奇终于坐下，学会主席 T. 吉尔伯特·皮尔森（T. Gilbert Pearson）从主席台上站起来。埃奇后来尖刻地形容他是"圆滚滚的矮个子"。他告诉埃奇，她的提问占用了放映新电影的时间，而且午餐也快凉了。埃奇跟与会人员一起走到博物馆前的台阶上合影。她想办法站在董事们中间。墨菲邀请她到鸟厅共进午餐，埃奇拒绝了这个礼貌性的邀请，她更愿意回到中央公园观察活生生的鸟类。

到这一天结束时，埃奇和奥杜邦的董事们——以及全国所有人——都会知道，交易所的股票经纪人卖出了创纪录的一千六百万股。股票市值跌了数十亿美元，摧毁了无数或富有或贫穷的家庭。很快，这一天被称为"黑色星期二"——大萧条的开端。

然而，那天早上，奥杜邦的董事们还在应对他们认为更

　　　　亲爱的野兽

直接的威胁。埃奇记得，在会议室的骚动中，学会秘书威廉·沃顿（William Wharton）走到她身边低声说："如果董事们对小册子做出回应，只会让它公开化，这肯定会引起霍纳迪博士的注意，他将从中获得我不得而知，但极为可怕的优势。"

即使董事们保持沉默，他们的担心也成了现实。威廉·霍纳迪读过《保护中的危机》，也很快听说了埃奇在会议上的作为。几天后，他给埃奇写了一封信，称赞她有"狮子般的勇气"。他邀请她与自己见面，她立即接受了。

罗莎莉·埃奇和威廉·霍纳迪在很多方面都截然相反。霍纳迪是"西部人"，崇尚边疆的自给自足和充满男子气概的英雄主义。埃奇出生于镀金时代的纽约，在最排外的社会圈子里长大。她是坚定的女权主义者，遇到霍纳迪时已经是选举权运动的老手。霍纳迪支持白人妇女的选举权，但对其他种族、阶级和民族仍然坚持其恶毒看法。"对野生动物来说，意大利劳工就是人形猫鼬，"他写道，"给他行动的权利，他会迅速消灭每一只带羽毛或毛发的野生动物。"埃奇是物种保护工作的新手，而霍纳迪已在保护界浸淫几十年。

霍纳迪和埃奇也有很多共同之处。两人都在国外生活过：他是一名战利品猎人，她是驻扎东亚的英国土木工程师的年轻妻子，富有冒险精神。两人都以观察野生动物度过伤心岁月：他是一名孤儿，她处于婚姻破裂前后。两人都很有魅力，不过受到威胁时霍纳迪会变得暴躁，而埃奇则变得冷酷（她曾用一句冰冷的训斥断绝几十年的友谊："我不喜欢你的信。"）。霍纳迪和埃奇都有语言天赋，霍纳迪写过很多通俗作品，埃奇为强大的纽约州妇女选举权党做过宣传工作。一旦认定自己的事业是正义的，他们都倾向于夸大其词。他们都有自己的财富和地位，但都乐于破坏保护运动的权力结构。他们认为保护运动过于同情运动家，而且不够同情运动家鄙夷的物种。埃奇的传记作者黛娜·福尔曼斯基（Dyana Furmansky）写道："埃奇是一位公民科学家和激进的政治鼓动者，保护运动从未见过这样的人。"

从他们第一次见面开始，两人就相处得很好。埃奇接触当时年过七旬的霍纳迪时，并不自信，因为她意识到对方拥有漫长的职业生涯，也感受到自己"对整体保护问题的无知"。她认识到他的好斗——"他讨厌自己的敌手，却为敌人众多且遍布各个物种而自豪"。她表示，她遇见他最好的一面，发现他是一位"善良、慷慨、幽默、迷人和博学的老绅士"。多年以后，她热情地回忆说，他对她的赞美是把她"当作一名同伴"。

在霍纳迪的支持下，埃奇将继续追查《保护中的危机》里的指控。这不仅冒犯奥杜邦学会的董事，也将冒犯大多数保护机构。随着时间的推移，她也会像霍纳迪那样树敌众多。当然，令她欣慰的是，这些敌手大多只是人类。

"这种对鸟类的热爱是什么？这到底是怎么回事？"埃奇很想知道，"希望心理学家能告诉我们。"也许是飞行和迁徙充满奥秘，或者是鸟儿经常飞入我们的日常生活，而其他动物不会，又或者是似乎鸟类总是特别需要我们提供的庇护所。

几千年来，人类可能一直在灭绝鸟类物种。化石证据显示，史前时期的波利尼西亚人[1]在太平洋上扩张，猎捕动物，砍伐森林，引进老鼠和其他原先没有的捕食动物，从而灭绝了数百乃至数千种岛屿鸟类。从16世纪开始，欧洲探险家和他们带来的捕食者——狗、猪和更多的老鼠——继续灭绝世界各地的岛屿鸟类。马达加斯加以东的毛里求斯岛生活着一种鸽子的近亲——渡渡鸟。渡渡鸟体形较大，在地面筑巢，适合在毛里求斯生存。进入17世纪，短短几十年内渡渡鸟惨遭灭绝。在南大洋中，那些脚趾较长的害羞鸟类，长期被隔离在海岛上，往往会失去飞行能力，这些鸟类灭绝了几十种。有些鸟类分布很广，但它们的局部灭绝也司空见惯。18世纪中期，法国作家伯纳德·德·圣-皮埃尔

---

1 波利尼西亚人是大洋洲东部波利尼西亚群岛的一个民族集团，包括毛利人、萨摩亚人、汤加人、图瓦卢人、夏威夷人、塔希提人、托克劳人、库克岛人、瓦利斯人、纽埃人、复活节岛人等10多个支系，共有90多万人（1978年）。崇拜多神，信奉巫术，现多改信基督教。

（Bernardin de Saint-Pierre）曾在毛里求斯服役。他后来感叹道："以前，岛上还发现过许多火烈鸟，一种玫瑰色的大型海鸟，非常漂亮。他们说现在确实还有三只，但我从来没有见过。"

自16世纪以来，人类已经灭绝掉一百五十多种鸟类。没有任何一类脊椎动物遭受过如此惨重的灭绝（唯一比鸟类损失更多物种的类别是腹足纲动物，也就是蜗牛和蛞蝓）。而这些灭绝的物种，还只是我们所知道的部分。

无论过去还是现在，人类都在猎杀鸟类，为了吃肉，也为了审美。阿兹特克[1]工匠用设计复杂的羽饰装点皇家头饰、长袍和挂毯。他们精心设计鸟舍，饲养鸟类以获取羽毛，也通过触角广泛的贸易网络，购买巨嘴鸟和鹦鹉的羽毛来制作贵族的服装。在前哥伦布时代，阿兹特克人以及其他勤勉的商人转运活鸟，距离之远，数量之巨，竟改变了整个拉丁美洲的物种分布。在16世纪，西班牙征服者从阿兹特克带回蛇和各种稀奇物种、鸟类的羽毛制品。这些制品熠熠生辉，令欧洲精英为之倾倒，激发了使用羽毛的风尚。1775年，玛丽·安托瓦内特（Marie Antoinette）[2]掀起欧洲大陆第一次鸟羽狂热。年轻的王后使用巨大的羽饰装点高耸的假发，于

1　阿兹特克文明是墨西哥古代阿兹特克人所创造的印第安文明，是美洲古代三大文明之一。主要分布在墨西哥中部和南部。形成于14世纪初，1521年为西班牙人所毁灭。

2　法国国王路易十六的王后，以挥霍无度而著名。在1793年法国大革命期间，和路易十六一起被处死。

是法国贵族纷纷效仿。"我们妇女的头饰越戴越高。"当时一位记者指出。三英尺高的精制工艺品迫使妇女只能跪坐在马车上，或是躲进剧院的包厢。一位观察家干脆预测即将出现"建筑革命"。

这股热潮几年后就消退了，但羽毛继续用于制衣。一个世纪后，这股潮流又热切地回归了。时过境迁，得益于成衣时装业和邮购公司，羽毛饰物不再是富豪专享的奢侈品，欧洲和北美经济条件一般的妇女也能使用。到 19 世纪 80 年代，女帽的装饰变本加厉，不仅是几根羽毛，而是整只鸟类标本，鸟嘴、鸟脚和玻璃眼睛一应俱全——有时甚至带有树叶、蝴蝶和老鼠标本。

1886 年，鸟类学家弗兰克·查普曼——在奥杜邦年会上率先责骂罗莎莉·埃奇的那位——报告了他在纽约市的观察。他在散步时观察过七百顶帽子的装饰物，其中五百四十二顶使用了鸟羽；这些鸟羽来自四十种不同的鸟类，包括蓝鸲、北美黑啄木鸟、蜂鸟和白鹭。

对一些城市居民来说，这些饰品不过是生活中令人愉悦又无关紧要的点缀。然而，它们对鸟类的伤害是巨大的。1886 年，为满足制衣业的需要，北美大约有五百万只鸟类遭到猎杀。同一年，查普曼正在曼哈顿调查鸟羽，霍纳迪在蒙大拿领地猎杀最后几头野牛。1912 年，霍纳迪派遣年轻的鸟类学家威廉·毕比（William Beebe）前往伦敦调查鸟羽市场。

毕比报告说，在前一年，仅四家公司就购销近五十万只死鸟的羽毛，主要是白鹭、苍鹭、蜂鸟和天堂鸟。佛罗里达鸟羽猎人发现筑巢育幼的白鹭容易得手，于是频频向白鹭群居地开枪，剥掉成鸟的皮，抛尸荒野，任由雏鸟自生自灭。

早在鸟羽狂热开始之前，欧洲爱鸟人士已经开始明白，人类不仅能摧毁偏远岛屿上的物种，也能摧毁欧洲周围的。大海雀是一种不会飞的矮胖海鸟，林奈首次正式描述了这个物种，它们曾经遍布北大西洋的岩石海岸。欧洲人长期猎取大海雀充当食物，就像印第安人猎取野牛。但在18世纪，欧洲和北美的商业猎人蜂拥而至，获取大海雀的羽毛制作寝具。到18世纪末，大海雀已经濒临灭绝。不列颠群岛最后一次记录到大海雀是在1834年。十年后，在冰岛海岸的一处岩石上，为标本商采集鸟类的猎人抓住并勒死一对大海雀，它们可能是最后一对幸存者。英国鸟类学家阿尔弗雷德·牛顿在毛里求斯担任殖民地秘书时，他的兄弟给他寄过几批渡渡鸟的骨头。19世纪50年代末，他驾船赶赴冰岛寻找大海雀。他希望大海雀还没有重蹈渡渡鸟的覆辙，结果失望而归。"实事求是地说，"他总结道，"我们可以认为它已成往事。"

鸟羽贸易不断扩大，鸟类死亡数量不断攀升，大西洋两岸的男性保护主义者开始指责妇女，"以及她们对'时髦'不假思索的愚蠢奉献"。1913年，霍纳迪在《纽约时报》撰文抨击妇女是"全世界鸟类生命的祸害"，查普曼发表

《妇女是鸟类敌人》的演讲。弗吉尼亚·伍尔夫（Virginia Woolf）公开回应这些责难，她并不同情那些决定"用柠檬色的白鹭装修厕所"的"某某女士"，但她在公开信结尾犀利地指出："鸟儿是被男人杀死，被男人饿死，被男人折磨——男人们没找代理，而是亲自动手。"

伍尔夫的指控不仅关于鸟羽贸易。当时的鸟类学家大多是男性，他们经常从鸟巢中收集鸟蛋，射杀鸟类并剥掉鸟皮，以便仔细研究。有时候，他们会杀死成千上万的鸟类。为了心爱的鸟类学，查普曼放弃了前程似锦的银行事业。1889 年，在考察佛罗里达大西洋海岸的过程中，查普曼射杀了十五只卡罗莱纳鹦哥[1]，几乎以一己之力灭绝了这种物种。查普曼追逐美国最后的特有鹦鹉，就像霍纳迪追逐幸存的野牛，都是因为目标物种在急剧衰退。他到圣塞巴斯蒂安河（Saint Sebastian River）两岸的松树丛里搜寻，原本只计划杀死几只鹦鹉，为后人留下纪念。但是，一碰触到绿黄红橙、有如彩虹的灿烂羽毛，查普曼便野心膨胀。"我见到了鹦哥，它就是我的了。"收集到四只标本后，他宣称道。等到手里有了九只鸟，他决心停下来，"我不应该给予它们最后的打击。"但这个承诺只持续了两天，"鹦鹉诱惑了我，我倒下了。它们也倒下了，六只。"

1　卡罗莱纳鹦哥，拉丁名为 *Conuropsis carolinensis*，鹦形目鹦鹉科卡罗莱纳鹦哥属，已灭绝，曾生活在美国中东部、东南部。

《物种的"灭绝";或，时装板上的无情女士和白鹭》，1899 年英国讽刺周刊《笨拙》（Punch）的插图。

亲爱的野兽

查普曼占有鸟类的激情，在他同时代的人中并不罕见。许多鸟类学家反感鸟羽交易，但也有不少人担心严格的鸟类保护法律会干扰自己的研究。1902 年，奥杜邦学会邀请美国鸟类学家联盟的当选主席参加会议，结果后者半开玩笑，酸溜溜地拒绝了："我不保护鸟类。我捕杀它们。"

弗吉尼亚·伍尔夫可能已经注意到，富裕妇女是鸟羽贸易的主要客户，也是最有效的反对群体之一。19 世纪末，双筒望远镜和其他便携式光学仪器变得更加便宜，使用更为普遍。鸟类爱好者认识到，不再需要杀死鸟类就能获得良好的观察。步行、骑车和后来的驱车观鸟，在北美和欧洲渐成风尚。早期一些最杰出的观鸟者就是女性。佛罗伦斯·梅里安姆·贝利（Florence Merriam Bailey）是著名动物学家 C. 哈尔特·梅里安姆（C.Hart Merriam）的妹妹。她出版了第一本现代观鸟指南《透过小双筒望远镜的鸟类》，在美国普及业余观鸟活动。

观赏活鸟的热情很快就开始与佩戴死鸟的执着展开竞争。1889 年，在英国工业城市曼彻斯特郊区，时年三十六岁的慈善家和鸟类爱好者艾米莉·威廉姆森（Emily Williamson）成立了鸟类保护学会。这是一个妇女组织，会员承诺"拒绝佩戴任何食用鸟类之外的鸟羽"。鸵鸟羽毛例外，因为鸵鸟大多是人工养殖的。这个漏洞招致一些好为人师者的嘲笑。"女士们，这则条例不是非常严重的自我否定吗？"讽刺周刊《笨拙》的编辑问道，不过他们还是支持这项运动。不久之后，鸟类保护学会与毛皮、翅片和羽毛协会合并，后者是具有类似想法的伦敦妇女组织。1904 年，鸟类保护学会获得皇家特许状。如今，皇家鸟类保护学会是欧洲最大的野生动物保护组织之一。

哈里特·海门威（Harriet Hemenway）是美国波士顿人，来自富有的废奴主义者家庭。1896 年，海门威读到媒体对佛罗里达白鹭遭到商业屠杀的生动报道后，对制衣业发起攻击。海门威和表妹明娜·霍尔（Minna Hall）策略性地举办了一系列茶话会，招待她们最时髦的朋友们，最终说服约九百名妇女抵制带鸟羽的时尚产品。奥杜邦运动在十年前开启，不久就陷入停滞。海门威和霍尔意识到，杰出男性的支持将有益于她们的事业，于是精心邀请了一批当地商人和男性鸟类学家来帮助振兴奥杜邦运动。

冠名该运动的约翰·詹姆斯·奥杜邦（John James Audubon）是一个充满矛盾的人。奥杜邦在 1785 年出生于海地，在法国长大，长期以来一直传言他有非洲血统。他反对废除奴隶制。19 世纪第二个十年和 20 年代定居肯塔基州和路易斯安那州时，他自己就是奴隶主。奥杜邦患有严重的抑郁症，以艺术天赋表达对鸟类"近乎狂热"的迷恋。他的代表作《美国的鸟类》由四百三十五幅真人大小的手绘版画组成，创作耗时十余年，制作成本相当于现代的两百万美元。"我最好的朋友，"他在日记中回忆说，"郑重其事地把我看作一名疯子。"这部作品于 1838 年最终完成，在大西洋两岸引起轰动，其科学细节和视觉诗意备受评论家和国王们的推崇（少数诋毁他的人认为，他应该按照林奈分类学的顺序排列版画）。"一种神奇的力量将我们带入这位天才人物多年来所踏足的森林。"一位法国观察家说。霍纳迪在大学时代就接触到《美国的鸟类》。他记忆犹新，翻阅这本页面超大的书，就像"发现了一个新世界"。

1851 年，奥杜邦于纽约去世，他的遗产由乔治·伯德·格林奈尔继承。格林奈尔是位保护主义者和猎人，后来成为美洲野牛协会的创始成员之一。格林奈尔在奥杜邦位

1826 年，身着狼皮大衣的约翰·詹姆斯·奥杜邦。

1835 年，"雪鹭或白鹭"的手绘版画，出自奥杜邦作品《美国的鸟类》。

于哈得孙河畔的故居长大。童年时期他探索那里的树林和溪流，还赏玩奥杜邦多次冒险收集的鹿角、鸟类标本和壮丽的艺术品。随着年龄渐长，格林奈尔认识到，无论是专业鸟类学家，还是现有法律法规，都无法拯救他的英雄绘于纸上、传之后世的对象。1886 年，在担任《森林与溪流》杂志编辑期间，他提议创立"一个保护野生鸟类及其鸟蛋的学会，该学会应命名为奥杜邦学会"。

到第二年注册成立时，奥杜邦学会已经吸引了三万九千名会员。当时仍在编辑《森林与溪流》的格林奈尔推出了第二本杂志，专门介绍这个新学会及其使命。由于人手和资金不足，格林奈尔被工作压得喘不过气来。公众对过度的鸟羽贸易漠不关心，更使他备感沮丧。1888 年，他关闭了奥杜邦学会及其杂志，写下苦涩的告别："时尚定义鸟羽，鸟羽就是时尚。"

八年后，在后湾[1]精心布置的客厅里，哈里特·海门威精心挑选的波士顿精英人士成立了马萨诸塞州奥杜邦学会。他们的财富和影响力支撑奥杜邦运动第二次新生。到 1898年，又有十五个州和哥伦比亚特区建立了奥杜邦学会。1905年，全国奥杜邦学会在纽约州成立。

海门威及其奥杜邦盟友成功推动州级法律，限制鸟羽贸易。他们还拥护 1900 年通过的联邦《莱西法案》，对于违反

---

1 波士顿上层社会住宅区。

州级法律猎杀的动物，禁止跨州销售和运输。许多人反对他们的做法，反对者不仅来自制衣业，还来自赞助人。据报道，1910 年，妇女挤满了新泽西州议会的女宾席，反对拟议中的鸟羽禁令。"她们呼喊着议员们可爱的名字，用纸屑和纸团砸向他们，十分惹眼。"

1918 年，美国国会通过《候鸟协定法案》，有效终结了美国的鸟羽贸易。奥杜邦活动人士对此额手称庆。三年后，经过皇家鸟类保护学会几十年的游说，英国议会宣布绝大部分鸟羽进口为非法。

在接下来的几年里，奥杜邦的志愿者们见证了鸟类种群从鸟羽贸易中恢复过来。1900 年，弗兰克·查普曼开创了全国圣诞鸟类同步调查活动，这成为奥杜邦学会的传统。在 20 世纪 20 年代早期和中期，圣诞鸟类同步调查在佛罗里达州统计到的大白鹭数量不足十只。到 1937 年，《候鸟协定法案》实施近二十年后，一位勇猛的观鸟者在佛罗里达州西南部一天之内就数到一百多只大白鹭。

反对鸟羽贸易的妇女与罗莎莉·埃奇有很多共同之处。当时女性的机会有限，虽然她们拥有财富、位居上层，但只能遵循狭隘的社会期望，这使她们备感沮丧和窒息。很少有人鼓励她们追求高等教育或谋求任何职业。社会期望她们在经济上先是依赖父母，后来又依赖丈夫。对许多女性来说，蓬勃发展的妇女选举权运动开辟了一条走出家庭、进入公共生活的道路。

埃奇出生于曼哈顿的名门望族，据称是查尔斯·狄更斯（Charles Dickens）的后代。从小她周围就满是鸟羽贸易的高级客户。小时候，她曾经得到一顶丝质童帽，帽子上精巧地编了一圈红喉北蜂鸟的羽毛。埃奇的学业成绩非常优异，后来她又成为勇敢超常的旅行者。当她的丈夫查理被派到亚洲洽谈铁路建设合同时，她陪伴他一同前往。她那时对政治并无兴趣，直到三年后的1913年初，她和查理登上驶向纽约的毛里塔尼亚号远洋轮船。

埃奇时年三十五岁，正怀胎三月，旅途中大部分时间都在船舱里休息。她有一次到甲板上时，结识了英国贵族西比尔·海格·托马斯（Sybil Haig Thomas）——朗达子爵夫人。朗达夫人的女儿玛格丽特·麦克沃斯（Margaret Mackworth）是当时英国选举权运动中最引人注目和最激进的成员之一。朗达夫人热心支持女儿的事业，不仅仅是出谋划策。埃奇听朗达夫人讲述麦克沃斯及其女权主义同伴如何闯入男士俱乐部，嘲笑政治家，在大街上制造骚乱。埃奇后来说，与朗达夫人的船上谈话是"我思想的第一次觉醒"。不久之后，她将觉醒付诸行动。抵达纽约后不久，埃奇夫妇的儿子彼得出生，女儿玛格丽特于1915年春天出生。女儿出生后几个星期，埃奇就投身选举事业，在纽约州妇女选举权党中迅速崛起。大约在同一时间，她一时兴起签署了一张支票，要求成为全国奥杜邦学会的终身会员。

与此同时，奥杜邦运动内部矛盾重重。虽然会员一致反对猎取鸟羽，但在保护雕、鹰和其他猛禽方面存在分歧。部分奥杜邦会员是运动猎人，他们认为兽类和鸟类中的捕食动物都会威胁自己珍爱的消遣，人类应该控制这两类动物——要么通过狩猎，要么通过政府组织的诱捕和投毒项目。新近成立的生物调查局，就已经在执行捕杀工作。但是，还有许多奥杜邦会员——主要是观鸟人士，也有一些猎人——对猛禽的热情不亚于其他鸟类。

1917 年，阿拉斯加领地立法机构批准悬赏猎杀白头海雕，但奥杜邦学会领导人拒绝公开反对该计划，而是选择用温和的方式回应。这让喜爱猛禽的奥杜邦会员义愤填膺。八年后，又有一个全国猎人组织发起灭鹰运动。当学会主席吉尔伯特·皮尔森拒绝公开批评该运动时，异议分子开始组织叛乱。

就在奥杜邦运动为猛禽争吵不休时，纽约州成为美国东部第一个保障妇女投票权的州。这场 1917 年底取得的胜利，为全美的妇女选举权打开了大门。1920 年，四分之三的州支持通过美国宪法第十九修正案，妇女选举权成为现实。

在纽约的选举权得到保证之后，埃奇对该运动的参与有所减弱，她将注意力转向驯服帕松尼治海角（Parsonage

Point）。这块地产位于长岛湾，她丈夫查理于 1915 年购得，一共四英亩，杂草丛生。1919 年，房屋建设因战时物资短缺而推迟，一家人住在庄园的帐篷里。每天早上，埃奇都会悄悄出来观看翠鸟家族，并很快熟悉了当地的鹌鹑、隼、蓝鸲和苍鹭，每天记录观察结果。六岁的彼得和四岁的玛格丽特在花园里种植三色堇，埃奇用板油装饰树木和灌丛，往地里撒鸟食。

尽管埃奇和丈夫在帕松尼治海角并肩工作，两人的关系却渐渐疏远了。1921 年春的一个夜晚，夫妻俩发生争吵，罗莎莉带着两个孩子搬进曼哈顿上东区的褐石公寓。埃奇夫妇没有离婚，而是选择合法分居。这既能避免公开离婚的丑闻，又可以要求查理按月给罗莎莉一笔津贴。查理确实如期支付了。然而，分居对罗莎莉是毁灭性的。她后来称之为"我的地震"。她备感悲痛，不仅是因为失去了丈夫，还因为失去了她在帕松尼治海角的家——"那里的空气、天空、高飞的海鸥"。

在一年多的时间里，无论是在曼哈顿，还是在其他地方，埃奇很少关注周围的鸟类。1922 年末，她开始偶尔记录在城市中看到的物种。三年后，一个五月的温暖夜晚，坐在褐色石楼敞开的窗户旁，听见夜鹰尖锐的鸣叫声传来，她抬起了头。多年后，她给观鸟赋予诗意："也许是对悲伤和孤独的安慰，给备受痛苦折磨的灵魂以安宁。"

埃奇开始在附近的中央公园观鸟，经常带着她的孩子和红色松狮狗。她很快就意识到，中央公园的鸟种并不比帕松尼治海角少。她每年都能记录到大约两百种鸟类。这个公园是城市海洋中的森林岛屿，无论过去还是现在，都是迁徙物种的重要休息站，也是留鸟的宝贵庇护所。起初，埃奇嘈杂的随行队伍和天真的热情，激怒了公园里内向而排他的鸟类爱好者。然而，她学得很快，并且找到了乐意教她的导师。她开始检视路德罗·格里斯科姆（Ludlow Griscom）的笔记。（格里斯科姆时任美国自然历史博物馆鸟类馆馆长，每天早上在一棵空心树上给其他鸟类爱好者留下笔记。）很快，埃奇和格里斯科姆结为好友。年轻的彼得分享了她观鸟的新激情。随着鸟类知识日益增长，她会在白天往彼得的学校打电话，提醒他回家时注意观察什么（后来学校拒绝传递电话信息，她就发送电报）。她赢得了公园鸟类爱好者的尊重。1929 年夏天，一位鸟类爱好者给她邮寄了一份十六页的小册子——《保护中的危机》。

埃奇在巴黎的酒店收到了这本小册子，当时她正和孩子们结束欧洲夏季之旅。她不认识信封上的回信地址，但书中可怕的警告引起了她的注意。"让我们现在就面对现实，不要等到许多本地鸟类被消灭，"书中写道，"我们的成功远未完成；在许多情况下，毫无成功可言，我们也没有付出真诚的努力。"

小册子的作者们认为，大型鸟类保护组织已经被枪支和弹药制造商收买，未能保护白头海雕，也未能保护其他被运动猎人视为灾害或目标的物种。奥杜邦学会没有被点名，但显然与此有关。

在富丽堂皇的酒店房间里，埃奇反复阅读那本小册子。"我踱来踱去，全然不顾家人正等着我吃饭，"她回忆说，"我的脑海中充满美丽鸟儿的悲剧，晚餐和巴黎的林荫大道对我来说又算得了什么呢？"几天后，埃奇和家人登上返回纽约的远洋轮船。她坐在甲板椅上，继续翻看小册子上的主张。

埃奇和孩子们回到上东区后，立刻向观鸟的朋友询问这本小册子。他们建议她联系作者之一威拉德·范·纳姆（Willard Van Name）。范·纳姆是自然历史博物馆的无脊椎动物专家，因频繁投递长篇大论的投诉信闻名遐迩。他投诉他的科学家同事，还有保护运动的方向。霍纳迪赞赏他的批评，不过历史学家斯蒂芬·福克斯认为大多数保护主义者看不上他，认为他"耽于幻想、无理取闹"。《保护中的危机》出版后，吉尔伯特·皮尔森写信给博物馆馆长亨利·费尔菲尔德·奥斯本抱怨说，这本小册子"就该跟《耶利米哀歌》摆到一起"。奥斯本是纽约动物学会的共同创始人，也是麦迪逊·格兰特的同道。博物馆迅速谴责了这本小册子，并要求范·纳姆重新签署合同，只允许他出版

---

1 《耶利米哀歌》是《圣经·旧约》中的一卷，记录了犹太人在耶路撒冷和圣殿被毁（公元前586年）之后所作的哀歌。

有关"蛔虫和等足类动物"的书籍。乔治·伯德·格林奈尔时任全国奥杜邦学会董事,劝告同事不要理会这本小册子,后者也欣然接受。然而,埃奇对范·纳姆的名声一无所知。他们在中央公园见面、散步、谈话。范·纳姆知识丰富,可以通过羽毛和叫声识别鸟类,加上投身动植物保护的奉献精神,让埃奇印象深刻。范·纳姆在康涅狄格州纽黑文市的学者家庭长大,家人与耶鲁大学联系紧密。他特别喜欢树木,童年时常常与他叔叔一起散步,学会了欣赏树木。"有人认为,森林里剩余的木材越来越少,如果不抓紧时间砍掉,它们会像杂草一样倒下并腐烂,"1925 年,他给《科学》杂志写了一封措辞严厉的信,"没有比这更有害的无稽之谈了。"

范·纳姆终身未婚,是众所周知的厌世者,喜欢与树和鸟为伴,离群索居。然而,与霍纳迪一样,埃奇发现范·纳姆有一种"可爱和温柔的特质"。自从初次在公园散步后,后来他们又多次一起在公园里散步。范·纳姆对人类很少有什么好话,但他后来称埃奇是"保护历史上唯一诚实、无私、不屈不挠的'泼妇'"。

范·纳姆说服埃奇相信他小册子的论点是合理的,增强她与奥杜邦学会董事对抗的决心。埃奇第一次拜访霍纳迪时,后者进一步证实了《保护中的危机》的观点。霍纳迪并不十分喜爱鹰雕和其他猛禽,他甚至认为,有些时候,

"用枪射杀它们、减少其数量是公平和正确的"。但是，和范·纳姆一样，当看到奥杜邦学会被商业利益腐蚀、对鸟类整体保护保持沉默时，霍纳迪愤怒至极。

霍纳迪告诉埃奇，几年前，学会主席皮尔森接受了枪支和弹药制造商的大笔捐赠，价值高达皮尔森薪水的两倍。只是因为霍纳迪和其他人的公开批评，奥杜邦学会才不情愿地做出让步，拒绝这笔捐赠。当时霍纳迪正在为纽约动物学会筹款。因此，奥杜邦学会暗示，霍纳迪的批评不过是嫉妒。奥杜邦学会仍将继续与枪支制造商合作。霍纳迪从鄙夷商业性和自给性狩猎，扩大到鄙夷大多数运动狩猎，认定枪支和弹药制造商严重影响了皮尔森和奥杜邦学会的议程。

埃奇刚从充满活力、时常风云激荡的妇女选举权运动中走出来，还是被霍纳迪描述的默许情况震惊了。

与霍纳迪会面几天后，埃奇给皮尔森写了一封彬彬有礼的信，重申她对小册子的疑问，并再次询问学会是否有计划解决其指控的问题。皮尔森的部分答复是，白头海雕这样的猛禽受人唾弃，没有保护的希望。他说，奥杜邦学会不会试图说服政府限制国家野生动物保护区的狩猎活动。没有一个保护组织可以做所有的事情。而且，奥杜邦学会不会对范·纳姆小册子中的指控做出回应。

那年秋天，全国进入大萧条的紧急状态，在上东区褐石公寓的图书室里，范·纳姆和埃奇花了许多夜晚，策划应对保护运动中可怕而紧急的状况。在吸食长雪茄的间隙，范·纳姆对埃奇刚刚打出的激烈信件提出建议。这位带刺的科学家成了这个家庭的固定成员，他开始帮助玛格丽特做代数作业，教彼得如何以外科手术般的精确度切开烤鸭。埃奇以其典型的张扬风格，将他俩的搭档命名为紧急保护委员会。这个名称夸大了团体的人数，但预示了它巨大的影响力。

1929 年 12 月，大约六百名鸟类爱好者收到一本新的小册子。小册子被精心命名为《定义猛禽：提审狂热且有害经济的鹰鸮灭绝运动》。这是范·纳姆和埃奇的第一份联合出版物，但两人都没有署名。在接下来的十二个月里，他们共同撰写了五本小册子。其中一本再次直接针对奥杜邦学会，攻击它忽视猛禽。这些小册子言简意赅，文采飞扬，批评指名道姓，立即风行一时。索要更多册子的请求纷至沓来，埃奇和范·纳姆向外邮寄了数百份。

奥杜邦学会依然闭目塞听，没有回应他们的挑战。皮尔森保存了一份档案，里面全是来自布恩和克罗克特俱乐部的支持信。梅布尔·奥斯古德·赖特（Mabel Osgood Wright）是奥杜邦运动的早期领导人。他回应了紧急保护委员会的一次攻击，称范·纳姆是"讨厌鬼"，"过于狭隘的生活和过度的沉思"导致他"严重的精神扭曲"。

委员会成立的第一年，埃奇招募了年轻记者欧文·布兰特（Irving Brant）。布兰特写过一篇文章，讲述奥杜邦学会如何反对在国家野生动物保护区实行更严格的狩猎限制，从此对该学会不再抱有幻想。在接下来的三十年里，埃奇、范·纳姆和布兰特将成为委员会的核心成员，几乎也是全部成员。通常，他们喜欢这种工作方式。"（我们）可以猛烈抨击任何问题，而不会被压制。"布兰特回忆说。埃奇和布兰特贡献文字技巧，范·纳姆支付印刷费用，并贡献科学知识。

奥杜邦的律师曾把埃奇斥为"骂街泼妇"，但这位女士最终赢得了她与学会的战争。奥杜邦的领导人拒绝埃奇查阅学会成员名单，她随即将他们告上法庭，并取得胜利。1934年，囿于会员不断减少且惶惶不安，皮尔森被迫辞职。随着时间的推移，奥杜邦学会远离要求控制捕食动物的支持者，转而保护所有鸟类，包括猛禽。"全国奥杜邦学会恢复了'贞洁'。"布兰特在回忆录中诙谐地写道。今天，美国有近五百个奥杜邦地方分会，它们接受全国奥杜邦学会的协调和财政支持，但在法律上它们是独立组织，保留了草根气质，让人想起罗莎莉·埃奇。

紧急保护委员会后来维持了三十二年，经历了大萧条、第二次世界大战、五届总统执政，以及埃奇和范·纳姆的频繁争吵。它出版了几十本小册子，不仅改革了奥杜邦运动，还建立了奥林匹克国家公园和国王峡谷国家公园，总体上增加了普通公众对保护运动的支持。布兰特后来成为富兰克林·罗斯福的内政部长哈罗德·伊克斯（Harold Ickes）的密友。他记得，伊克斯偶尔会提议："你不让埃奇夫人在这方面写点儿东西吗？"

1933年，在奥杜邦年会上与皮尔森对峙几年后，埃奇接触到宾夕法尼亚州一项历史悠久的传统活动。每到秋天，休闲猎人会射杀成千上万只迁飞的鹰。这既是一种休闲运动，也是因为人们觉得猛禽猖獗地捕食家畜。猎人们知道，宾夕法尼亚州东南部有一座岩石裸露的山头，由于特殊的地形和气流，迁飞路线在这里收窄，猛禽集中过境。于是，只用几个周末，猎人们就能杀死成千上万只鹰。那张两百多只死鹰密密麻麻地摆在林间地面的照片深深地震撼了埃奇。一听到这座山头及周围的土地正在出售，她便决心买下它。

1934年夏天，她签署了为期两年的租约，并保留了以约三千美元购置这片土地的选择权。不过奥杜邦学会也有意购置，于是二者再度交锋。"实际上，世界上所有东西都可以出租，从礼服到远洋轮船，"她说，"何不租一座山？"她向范·纳姆借了五百美元缴纳租金，然后向支持者募集购置资金。

埃奇打量着自己的新地产，知道栅栏和标志牌不足以阻止季节性的鹰猎，她必须雇一名看护人。"这份工作需要点儿勇气。"当年轻的波士顿博物学者莫里斯·布鲁恩（Maurice Broun）前来应聘时，她告诫道。鸟羽猎人经常威胁和骚扰阻止他们进入奥杜邦保护区的看护人。1905年，在佛罗里达州南部看守鸟巢的盖伊·布拉德利（Guy Bradley）遭到偷猎者谋杀。新婚不久的布鲁恩决心已定，同意秋天开始工作。埃奇授予布鲁恩管理地产的临时权力，旋即乘坐汽船前往巴拿马——这是典型的埃奇风格。

布鲁恩和妻子伊尔玛来到宾夕法尼亚州时，不得不打听该怎么去他们要守护的山头。大多数当地人说的是一种德国方言，也叫宾夕法尼亚荷兰语。他们半信半疑地迎接布鲁恩夫妇，但也勉强尊重这对夫妇所拥有的财产权，逐渐停止了

1940年前后，伊尔玛·布鲁恩、当地保护人士克莱顿·霍夫、罗莎莉·埃奇和莫里斯·布鲁恩在鹰山保护区的入口处。

射击。多年来，在通往保护区的路上巡逻时，伊尔玛会问候并赞许每一位访客。在埃奇的建议下，布鲁恩开启每年秋季逐日清点过境猛禽的传统。这项传统持续至今，只有"二战"期间布鲁恩被派往太平洋战场时中断了一段时间。

鹰山从此积累了全球最长和最完整的猛禽迁徙记录。根据这些数据，研究人员发现迁飞路线上的金雕比以前更多，纹腹鹰和红尾鵟变少，而北美体形最小的隼——美洲隼的数量急剧下降。时至今日，鹰山不再是观察猛禽迁徙的唯一窗口。北美、南美、欧洲和亚洲有大约两百个活跃的猛禽过境观测点。鹰山每年都举办培训，许多观测点是鹰山的国际学生创办的。生物学家研究不断扩大的猛禽过境数据集，寻找种群和物种保护问题的早期迹象。他们牢记威拉德·范·纳姆的建议："物种仍然常见时，正是保护它的时机。"

布鲁恩通常在北望台数鹰。北望台位于鹰山的圆顶上，是一个边缘锋利的花岗岩石堆。2018 年 10 月一个结霜的清晨，我爬上通往北望台的蜿蜒小路，小路大约半英里长。一股寒风从西北方向呼啸而来，鹰山保护区的保护科学主任劳里·古德里奇（Laurie Goodrich）已在盯着山脊观察。自1984 年起，她就一直在扫视这里的地平线。有的年份里，她在瞭望台上工作一百多天，每天十二个小时。她对这视域了如指掌。

"鸟来了，肉眼可见，五号坡。"古德里奇对助手说，使用布鲁恩建立的地标昵称。一只纹腹鹰从下方的山谷里猛然飞起，掠过我们头顶。另一只紧随其后，然后又是两只。一只库氏鹰向我们冲来，攻击附近木杆上的角鸮假鸟。古德里奇眼睛明亮，五官棱角分明，与她观察的鸟类颇有几分相似。她似乎在同时搜寻所有的地方，顺便向到访的游客平静地说出鸟种和数量。

像鹰一样，观鸟者或单独，或结伴而来。每个人在岩石上找到一个位置，将保温杯和双筒望远镜放在触手可及的地方，然后安顿下来，顶着寒风，准备观看表演。到十点钟，二十多位观鸟者陆续来到瞭望台，像体育迷一样在岩石上排开。

突然，所有人都惊呼起来：一只游隼，肚子吃得饱饱的，正沿着山脊向人群飞来。由于杀虫剂 DDT 的广泛使用，美国的游隼一度几乎绝迹。自 20 世纪 70 年代以来，归功于杀虫剂管制和人工繁育个体放归，游隼又出现在大众的视野。不过在鹰山的瞭望台上游隼还比较罕见，所以观众都很兴奋。

山脊上很安静，只有小声低语，远处的火车汽笛正与风声呼啸竞争。瞭望台是如此之高，如此之暴露，许多猛禽在我们下方飞翔，这种感觉令人陶醉。有些猛禽几天前肯定飞过曼哈顿，在中央公园降落，让公园里忠实的鸟类爱好者感到高兴。有些还会继续往南迁飞，远至秘鲁。

瞭望台一天的工作结束时，古德里奇接待了几十位观鸟者和六十名健谈的中学生。她有两位助手，一位来自瑞士，另一位来自格鲁吉亚。他们一共数到两只赤肩鵟、四只北鹞、五只游隼、八只美洲隼、八只黑头美洲鹫、十只灰背隼、十三只红头美洲鹫、三十四只红尾鵟、三十四只库氏鹰、三十九只白头海雕和一百八十六只纹腹鹰。"这是一个好日子，"她说，"不过也常有。"

古德里奇第一次来到保护区时，吉姆和多蒂·布雷特夫妇帮她从皮卡车上卸下物品。吉姆·布雷特在附近长大，小时候帮布鲁恩做过庄园周围的杂务，担任保护区主管长达二十五年，还见过罗莎莉·埃奇。"她是个神奇的女人，"他告诉我，"她在这座山上找到立足点，就没有放手。她也不会容忍任何废话——包括我，她的年轻雇员说的废话。"

吉姆退休后，布雷特夫妇从保护区的房子搬到鹰山脚下一座两层的木屋。吉姆深情地回忆起他在北望台上的数千次谈话，许多谈话的对象是知名的科学家和保护人士。"那里总有一些新的名人，让你的思想变得更加丰富，"他告诉我，"在整个漫长征途里，鸟类几乎是次要的——更重要的是你周围的人。"

恩斯特·迈尔（Ernst Mayr）是德裔鸟类学家，他对物种的定义是一群能相互杂交的生物体。到目前为止，这仍然是最广为接受的定义。迈尔是保护区的忠实支持者，曾多次到访鹰山。1940 年 10 月，奥杜邦学会名誉主席皮尔森也前来参观。他与布鲁恩夫妇打了个照面，还注意到一群来访学生的"青春澎湃"。"你的事业起到了巨大作用，令我印象深刻，"他在给埃奇的信中说，"你理所应当受到赞扬，因为你始终坚持这个值得称赞的梦想。"他随信附上一张两美元的支票——保护区当时的会员费——并请求成为会员。

1962 年末，埃奇去世前不到三周，最后一次参加了奥杜邦年会。这次全国年会在得克萨斯州科珀斯克里斯蒂举行，她多少有些不请自来。埃奇当时已经八十五岁了，身体很虚弱，但她仍然有能力恐吓奥杜邦的领导层。在宴会上，学会主席卡尔·布谢斯特（Carl Bucheister）带着敬畏邀请埃奇与他和其他重要人物坐在一起。当布谢斯特把她领到座位上并宣告她的姓名时，全场一千两百名鸟类爱好者为她起立鼓掌。

当埃奇和范·纳姆成立紧急保护委员会时，生态学的术语仍然是陌生的，即使在保护运动中也是如此。食物链（有时被称为食物网）的概念，三年前刚刚由英国生态学家查尔斯·埃尔顿（Charles Elton）提出。"生态系统"，生态学和保护运动中通常用来描述相互作用的物种及其物理环境的组合，直到 1935 年才被创造出来。许多科学家和大多数公众仍然认为，生物世界是由相对独立的部分组合而成的，而非相互联系的整体。

　　埃奇对生态关系的理解，归功于范·纳姆的指导和她自己敏锐的智慧，这使得她超脱同时代的大多数保护主义者。她关注所有物种，反对多数狩猎行为，深得动物福利活动家的认同，包括许多反对鸟羽贸易的妇女。埃奇痛恨虐待动物的行为，把大部分精力用于防止物种灭绝。而阿尔弗雷德·牛顿等具有保护意识的鸟类学家欢迎来自"多愁善感者"的支持，但担心强调动物个体的痛苦会使公众对物种灭绝的严重性视而不见。因此，埃奇与这些科学家志同道合。埃奇严词批评运动猎人，但也对他们抱有同情，因为她相信，有限度地狩猎和诱捕物种有时会对生态系统有利。她与所有人都有一丝共同点，但只与极少数人结盟。像霍纳迪一样，她更倾向于遵循独特的个人议程。

　　1934年5月，大萧条已经持续了将近五年，距离埃奇租下将成为鹰山保护区的土地还有一个月。在日落前几个小时，曼哈顿的天空突然变暗，一股邪风在中央公园呼啸。因为干旱和土地过度使用，俄克拉何马州的地表土被大风刮过整个美国大陆，刮到埃奇的餐厅里。"我真希望我保留了吸尘器里的东西，"她后来想，因为它们"能做些有趣的分析"。埃奇对这场风暴的影响感到震惊，于是给霍纳迪打电话。霍纳迪的身体已经开始衰退，三年后去世。"感谢上帝，"他说，"现在人们已经看到了，他们终将理解。"

埃奇明白他的意思。她曾经只是本能地相信要保护物种，但现在她的生态学知识已经证明了物种保护的全部意义。"鸟类和动物必须得到保护，"她写道，"不仅是因为生物学家觉得这个或那个物种有趣，而且因为每个物种都是生命之链中的一环。而所有生命之母，是地表土壤。"

尘暴之后一个月，在威斯康星州麦迪逊市，威斯康星大学举行植物园落成典礼。应邀参加典礼的，还有这所大学史上第一位，也是迄今唯一一位野生动物管理专业的教授——奥尔多·利奥波德。利奥波德同样对从平原上涌起的尘暴深感不安。多年前在美国西南部担任林务员时，他预见到了这场灾难。利奥波德在典礼上的献词并未留下记录，不过几个月后他根据讲话内容发表了一篇文章。他认为，人类对植物、动物和土壤的"帝国主义哲学"，导致"生态遭到破坏，其规模几乎达到地质变化的程度"。他一反常态地补充说，人们阻止破坏行为的努力，迄今尚无成果。"保护主义者对某些事情感到愤慨，但他们人数既少，也虚弱无力。他们刚刚开始意识到，保护任务涉及社会的重组，而不仅是出台几条鱼类和野生动物保护法案。"后来，利奥波德将可观的天赋投入到关于重组的设想中，用生态学语言描述人类和其他生命之间的新关系。他的努力，将以独特的方式把他服务的公共机构搅得不得安宁，如同紧急保护委员之于奥杜邦学会。

　亲爱的野兽

第四章

林务官与绿色火焰

威斯康星河洪泛区上有一座溜肩木制棚屋，看起来平平无奇。棚屋曾经是鸡舍，立在一株老糖槭树的宽阔树荫下，未上漆的壁板补了又补，对开的前门敞着。一扇方形小窗像是温柔的眼睛，凝视着到来的游客。棚屋后面距离适中的地方，建有狭窄的木质厕所。

我第一次参观这座棚屋是在一个闷热的夏季早晨，当时有十几位来自北美各地的保护生物学者同往。我们排着队进门，挤在里面，观看石壁炉、松木屋梁和一组木架床。墙上挂着破损的搪瓷碗，还有一把破旧的横切锯。两盏煤油灯被塞在角落里，下面是搭配壁炉使用的老式铁丝烤炉。"我自小就是天主教徒，所以我知道，"一位科学家打趣说，"我们必须瞻仰圣遗物[1]。"碗、灯、烤面包机，你可以说它们是圣遗物，但又不是。棚屋内没拉起天鹅绒绳索，没有静默的警卫。游客在长椅上或壁炉旁休息，有时还会打破杯子。一卷用了一半的纸巾就挂在门内侧。"我们努力让它保持利奥波

---

1 经过天主教教会批准的基督教圣徒的身体残存物或遗物，被称为圣遗物，在宗教中扮演"救恩中保"的角色，是其宗教传统中的重要一环。但因对圣徒遗物的敬礼衍生出极其严重的弊端，宗教改革后的新教便不再热衷于圣遗物。

德的标准，"我们的导游说，"这倒不是很高。"

1935 年，在威斯康星大学植物园发表慷慨激昂的演讲后几个月，奥尔多·利奥波德决定购置一块土地。他想要一个地方，自己可以打猎，孩子们可以玩耍，妻子埃斯特拉可以磨炼她冠军级别的射箭技能，而且，整个家庭可以开展自己的保护实验。

他在麦迪逊附近的乡村四处打探，发现威斯康星河沿岸有八十英亩抛荒的土地，卖给教授的话价格是每英亩八美元。这片土地曾是圣语族（Ho-Chunk）人[1]的家园，直到 1837 年，大多数族人被一纸不平等条约逼走。白人定居者接踵而至，之后大多数人又被尘暴逼走。沙化的土壤已经枯竭，破败的鸡舍堆满粪便，蚊虫肆虐。但利奥波德对这块土地上的"机遇"感到兴奋不已。很快，家里的其他人也像他一样喜欢上了这块土地。

每逢周末，利奥波德夫妇会清理鸡舍内部，用黏土铺上一层地面。他们用废旧木料制作了上下架床，称它"西翼"；还造了个厕所，起名"帕特农"（利奥波德家的老么，和妈妈同名，人称小埃斯特拉。她在学校得知还有一个神庙也叫帕特农时，感到非常震惊）。尽管做了这些改进，但利奥波德家的孩子还是会听到路过的汽车里发出的惊呼："看，

---

1 Ho-Chunk 在印第安语中的含义是"说圣语的人"，是由印第安人组成的部落。他们本以农耕及捕食北美野牛维生。自 19 世纪早期开始，他们不断被欧洲殖民者及稍后的美国政府逼迫放弃土地，不得不流落他乡。

妈妈，那里还有人住呢！"

在接下来的十五年里，一家人不断种树，大约每年种下三千棵松树苗。每种下一棵松树，老埃斯特拉都会假装严厉地对它说："好了，现在你就长吧！"起初，大多数松树都死了。1940年旱情缓解后，小树开始成活。利奥波德还试着把一片荒地恢复成草原。他到其他地方挖出一平方码的本土草丛，连带大块泥土放在车顶上运回去。这方法简单粗暴，但是有效。全世界最古老的草原恢复项目是威斯康星大学植物园，其次就是利奥波德家的。

利奥波德一边铲除粪便，在水土流失的河岸植树，把撂荒的玉米地变成草原，一边还注意观察周围生长、歌唱和活

"看，妈妈，那里还有人住呢！"1938年，奥尔多、埃斯特拉、小埃斯特拉和斯塔克在利奥波德棚屋。

动的物种，鼓励孩子们也这样做。每天清晨，他早早地坐在篝火旁，把咖啡壶架好，烧开水，听着鸣禽开始它们一天的生活。每当一种鸟类加入合唱，他就记录下时间。这些观察结果积累在一系列的窝棚日记中，成为保护运动最著名作品的原始记录。

奥尔多·利奥波德的影响很大，人们即使没看过他的书，也会郑重其事地引用他的话。他算得上是危险的雄辩家，在北美保护运动的作家中，也许只有亨利·戴维·梭罗和塞拉俱乐部（Sierra Club）的创始人约翰·缪尔（John Muir）[1] 跟他一样被频繁地引用和误引。"聪明的修补匠总会预先保存好零件""生态教育的障碍之一是人们单独生活在创伤累累的世界中""在野生国度走过青春岁月，让我很是开心，否则我将永远不曾年轻过"——利奥波德的话语，已成为至少三代保护主义者的格言。他最著名的作品是1949年在他去世后出版的散文集《沙乡年鉴》，已售出两百多万册，被翻译成十四种语言，其中包括拉脱维亚语、韩语和土耳其语。

利奥波德的语言往往很简单，但他的思想不简单。"他

1　塞拉俱乐部，又译作山岳协会，于1892年5月28日在旧金山创办，该组织至今仍存在，会员超过百万。约翰·缪尔任首任会长，并担任这一职务直至1914年去世。

的信念是，保护运动必须建立在这样一个基础上：既有自然科学，也包括哲学、伦理、历史和文学。"利奥波德的传记作者、学者科特·梅因（Curt Meine）写道。利奥波德的阅读和写作反映出这种信念，不过随着时间的推移，他的想法也有所改变。结果观点对立的保护人士在内部辩论中竞相引用利奥波德的话，每个人都确信这位伟人是自己的盟友。

但纵观他一生著述，在已经或尚未出版的数千页书稿中，利奥波德抛出了物种保护的两个基本原则：第一，每个物种都需要空间、食物和庇护所的组合，生态学家今天称之为栖息地，利奥波德当时称之为土地；第二，所有物种都需要捕食者，大多数情况下，甚至捕食者本身也需要。利奥波德认为，无论是栖息地还是捕食者，光靠法律都无法得到充分保护。

1887 年 1 月，利奥波德出生于艾奥瓦州的伯灵顿。其时，威廉·霍纳迪正在华盛顿特区的国家博物馆准备野牛展览，而乔治·伯德·格林奈尔刚刚履新，试图延续奥杜邦学会的成功。大草原上的野牛屠杀仍在进行，很快将造成新的人间悲剧。

1890 年的夏季干热无比。夏季过后，拉科塔苏族人

（Lakota Sioux）[1] 的农田颗粒无收，而政府配给的口粮大幅减少。拉科塔苏族人原先在大草原上猎捕野牛，由于野牛数量锐减，许多族人改行务农。在绝望中，一些族人跳起鬼舞。派尤特族的先知沃沃卡预示，这种仪式将给人带来新的世界[2]。政府人员误以为这种舞蹈是战斗的前奏，最后美国士兵在伤膝河畔屠杀了一百五十名拉科塔苏族人。

同年，虽然证据并不确凿，全国人口普查主管还是宣布，白人定居点已经横跨大陆，向西扩张至太平洋海岸，所谓的"边疆线"已经消逝。征服者对这一声明的关注远甚于被征服者。历史学家弗雷德里克·杰克逊·特纳（Frederick Jackson Turner）称边疆为"野蛮与文明的交会点"，认为边疆使"美国人的性格"倾向于民主和个人主义。特纳的论点被西奥多·罗斯福和其他人采纳并推广，助长了城市精英对白人男性活力前景的担忧：如果边疆锻造了民族性格，那么边疆消失后，民族性格会如何变化？

奥尔多·利奥波德的外祖父查尔斯·斯塔克（Charles

1　拉科塔苏族是一个美洲土著部落，其领地曾包括从明尼苏达州西部东至蒙大拿州、北至加拿大阿尔伯塔省的广大平原地区。他们是半游牧的狩猎采集者，为后来的几代公众提供了美国印第安人的标志性形象。

2　派尤特族先知沃沃卡宣称，只要印第安人跳起鬼舞，美国的白人将会全部消失，印第安人又会重新回到往日的美好时光，重新拥有足够的野牛。这一说法鼓舞和团结了印第安部落，于是鬼舞在 1890 年开始迅速在多个印第安部落中得到爆炸性的传播。但美国统治者迅速派兵镇压，1890 年 12 月 29 日发生了"伤膝河大屠杀"（Wounded Knee Massacre），包括苏族著名首领在内的大量领导人被杀害，标志着印第安人反抗移民的斗争被残酷镇压。

Starker）住在密西西比河西岸。他在河边高耸的石灰石悬崖上建造了自己的房屋。在那里，利奥波德和三个弟弟妹妹避开文明，野蛮生长。与三十年前年轻的霍纳迪一样，利奥波德经常在艾奥瓦州的乡村漫游，寻找鸟类。他父母送给他一本弗兰克·查普曼的《北美东部鸟类手册》，这本书巩固了他描述周遭世界的习惯。"根据我自己的观察，在育幼季节，鹪鹩幼鸟依赖成鸟的时间大约是六周。老鹪鹩每天要持续喂养十二个小时，每十分钟带回鸟巢五次昆虫。"十四岁的利奥波德在学校作文本上写道。他还说："没有什么能比鹪鹩的歌声更能让人感到完全的满足和幸福。"

利奥波德最先从他父亲那里学习到有关保护的知识。他父亲做过旅行推销员，兜售过旱冰鞋、带刺铁丝网等产品，后来定居伯灵顿，经营一家办公桌制造公司。卡尔·利奥波德（Carl Leopold）来自一个德国移民大家庭，没有接受过保护或科学的正规训练，但他自小打猎，多年来目睹了鸭子数量的减少。早在殖民时代，就有些地方性规定，限制可以狩猎哪些物种、何时可以狩猎。直到1878年，各州才开始限制一次可以狩猎多少动物，艾奥瓦州是头一个出台限制的，然而这些限制往往过于宽松，弊病百出。老利奥波德明白，为保护自己的运动，猎人需要自我约束，所以他严格限制自己狩猎鸟类的数量和种类。狩猎成功的话，他会很开心，不过他有时也会把枪留在家里，跟年纪尚幼的儿子们明确表示，户外活动比追逐猎物更重要。奥尔多不常去教堂，这些冒险就是他的主日学校。

1904年，在母亲克拉拉的鼓励下，奥尔多离开伯灵顿，前往新泽西州的预备学校。他几乎每天都在校园以外的地方游荡，在家信里侃侃而谈这些经历。1月，到学校后不久，他就给母亲写信："我向北走，穿过乡村，大约七英里，然后从西边绕回来。"他讲述自己观察到十几种鸟，最后说他"对这片乡村非常满意"。

在同学们眼里，利奥波德为人古怪，不过他们钦佩他的热情，有时也跟他一同外出。他很害羞，内心矜持，有时显得傲慢，不过新朋友让他感到放松。当时的照片显示，这位年轻人有一头过早褪色的金发，以及一张严肃时令人生畏的脸，不过笑容热情而宽厚。

利奥波德的鸟种名录稳步增加——"我现在已经认识二百七十四种美国鸟类"——不过他的兴趣并不限于林奈分类学。后来他把分类学贬低为"命名物种以及描述羽毛和骨头"。他注意到金翅雀和松金翅雀在一起觅食，而霸鹟往往聚集在开花的臭菘周围。阿萨·格雷（Asa Gray）的《植物学手册》唤醒了他对植物奥妙的认识，后来他在小屋里把这本书翻得滚瓜烂熟。他认真阅读了查尔斯·达尔文的《通过蠕虫作用形成的蔬菜霉菌》，认为"有很多趣味和惊喜"。他对其他物种都很好奇，但他对物种之间的关系更着迷。

对利奥波德这样的年轻人，适合继续进修的地方显然是耶鲁大学。利奥波德自称从小就患了"森林热"，倾心科学，又有足够的理想主义，渴望为国家服务。1900 年，林学先驱吉福德·平肖（Gifford Pinchot）在耶鲁大学与他人联合创办了美国第一个林学研究生院。当利奥波德于 1905 年秋天来到耶鲁大学时，平肖正担任西奥多·罗斯福政府的林务局局长，负责监管国家森林系统的大规模扩张。围绕旧金山在约塞米蒂国家公园赫奇·赫奇山谷中修建水坝和水库的问题，平肖与约翰·缪尔展开过公开争论[1]。缪尔曾是平肖的朋友和导师。缪尔在苏格兰和威斯康星州度过了戒律森严的童年时代，二十多岁时短暂失明后觉察到了周围世界的奇妙。后来他拿着手杖，身无外物，在加利福尼亚州的内华达山脉中徒步旅行，那是他余生最快乐的时光。

　　缪尔对内华达山脉的诗意描述打动了许多人，包括罗斯福。1903 年春，罗斯福要求缪尔陪同自己前往约塞米蒂国家公园露营。"我只想与你同往，别无他人。"他在信中写道。罗斯福和缪尔的关系一开始就有些紧张，因为他们都想独霸话语权。当缪尔试图用树枝装饰总统的衣襟时，情况就更糟糕了。但他们相互取暖，围着篝火谈话，缪尔借机说服罗斯福加强对约塞米蒂国家公园的保护，创建几十个国家公

1　吉福德·平肖和约翰·缪尔代表了在环境保护与资源开发上的两种不同的生态观，约翰·缪尔看重保护荒野，认为应该摒弃人类活动，而吉福德·平肖则主张进行资源开发和利用。

园、野生动物保护区和历史遗迹保护地，这些日后成为罗斯福重要的政治遗产。缪尔没准儿还劝说过罗斯福放弃狩猎。一天傍晚，缪尔问道："罗斯福先生，你打算什么时候摆脱幼稚的杀戮？"罗斯福回答说："我们走了这么远，你还没放弃吗？缪尔，我想你是对的。"

缪尔虽然在赫奇·赫奇大坝争夺战中败下阵来——它在 1913 年被批准，至今仍屹立不倒——但他赢得了历史的同情。他对加州山区的颂歌成为保护运动的经典。"我曾经嫉妒我们的父辈，他们曾经居住在伊甸园新造的田野和植物中；但我现在不再临渊羡鱼，因为我发现自己也生活在'创造的黎明'中，"缪尔在一次旅行中反思，"晨星仍在齐歌，而这个尚未完成一半的世界，日新月异，光芒绽放。"

崇尚有效利用自然资源的平肖，经常被讽刺为只顾装模作样的官僚。他与缪尔的冲突被视为功利主义者和保护主义者分歧的开端，前者要维持景观和物种供人类利用，而后者要保护它们不被人类使用。在职业生涯的早期，平肖确实倾向于把森林当作商品，就像霍纳迪把野牛当作牲畜一样。但他的功利主义着眼于未来，目标是"在最长的时间内为最多的人服务，提供最大的利益"。平肖的观点不断演进。到1920 年，他把森林称作"由生物组成的生机社会"，谴责林务局和木材工业狼狈为奸。在 20 世纪 30 年代，他成为坚定的国际主义者，认为保护运动和世界和平相互依存，如同人类与其他生物。

　　平肖不像缪尔那么广受称颂，但他心胸极其宽广，关心所有物种的福祉。有一次，缪尔在内华达山脉远足时遇到一群莫诺人，这些人在山中生活了一千多年。缪尔的反应是，他们"真不该出现在风景中"。他厌恶莫诺人肮脏的脸庞，为此烦扰不已。他认为山区是净化文明的避难所，这一观点与麦迪逊·格兰特的看法不谋而合。格兰特富有的运动家朋友试图保护加利福尼亚州的红巨杉，视之为白人精英永恒的边疆。与此同时，平肖经常主张管理森林和其他景观的目的，应该是"为了所有人的利益，而不仅是少数人的"。

　　跟格兰特、罗斯福和许多同时代的富裕知识分子一样，平肖也支持优生学。优生学认可通过各种方式控制生育来

1903 年 5 月，西奥多·罗斯福和约翰·缪尔在约塞米蒂国家公园山谷上方的冰川角。

1907 年 10 月，西奥多·罗斯福和吉福德·平肖在密西西比河的蒸汽船上。

"改善"人类的做法。格兰特等人将优生学视为"改善种族"的手段，平肖则不同，更看重优生学在纾解贫困方面的作用。他认为贫困是一种污染，会危害所有生命。平肖的传记作者查尔·米勒（Char Miller）认为，平肖最有价值的遗产，不是作为缪尔的陪衬，而是"为更深入理解人类及自然世界的复杂关系而付出的努力"。

与利奥波德一样，平肖也是深受宠爱的长子，有一位富于奉献、意志坚定的母亲，不过平肖出生于更富裕的环境中。他的父亲詹姆斯·平肖（James Pinchot）靠伐木大赚了一笔，三十多岁就成为美国风景艺术的赞助人，连平肖的名字也取自哈得孙河风景画派成员桑福德·吉福德（Sanford Gifford）。小平肖成年后，父亲建议他从事林业工作。这个建议很是独特，因为在当时的美国，林业工作根本算不上一个职业。伐木和狩猎一样，几乎不受监管，除了一些临时性的措施，很少有人考虑对森林进行长期管理。

然而，吉福德·平肖并没有被新的领域吓倒。从耶鲁大学毕业后，他去了欧洲，决心从欧洲的林业学校学到一身本事。学成回国时，他已经有了明确的思路：有必要采取一些欧洲式的森林公有制，以抵御短期的暴发户行径，同时应避免欧洲那种精确而烦琐的做法。他在给父亲的信中说，美国的公共森林应该管理得"如诗如画，如无人之境……同时带来可观的收入"。他父亲一定很欣赏这种对利益和美感的巧妙协调。

在美国，平肖不是第一位提出以未来为导向管理国有森林的人，但他是该想法最积极的推动者。1898 年，平肖担任美国农业部林业司司长，监管六十名工作人员和几千英亩公共森林。他立即开始为肩负更大的责任未雨绸缪。当他的朋友（有时也是摔跤的对手）西奥多·罗斯福于 1901 年成为总统时，这种乐观精神得到了回报。罗斯福扩大国有森林，平肖提供管理这些森林所需的工作人员。不久，林业司改名林务局，雇员达五百人。

但林务局很快在美国西部遇到阻力。那里的公共土地，无论是森林还是其他，一概被看成面积巨大且不受监管的牛羊牧场。1907 年，一群来自西部的国会议员立志阻止华盛顿的"梦想家和理论家"掌控公共土地。他们成功通过一项法案，严格限制进一步扩大森林保护区。

赶在该法案签署前夕，罗斯福和平肖制定计划，额外将一千六百万英亩公共土地划定为国家森林。林务局雇员在野外和办公室都夜以继日，绘制新的森林边界。后来罗斯福得意地回忆，这些"午夜保护区"公布时，反对者"愤怒得张牙舞爪"。西部人对联邦过度扩张的愤怒并不是普遍现象，而是高度选择性的。例如，很少有人反对联邦政府支持的水坝项目。但这种愤怒不断酝酿，甚至到今天也会周期性地喷薄而出，酿成暴力。

平肖决心打造一支全国性的专业林务官队伍，"由美国人以美国的方式为未来的美国森林工作培训美国林务官"。他的父母对此大力支持，1900年资助耶鲁大学成立林学院。作为林学院的学生，利奥波德吸收平肖的学说，学习其理论思想和细致的调查及测量方法，但从一开始就显得不太安分。他向家人抱怨说："这些技术工作把我弄得跟蛤蜊一样狭隘。"不过，跟大多数同学一样，他渴望进入胆略豪壮的林务局，成为一名林务署长。一位同学宣称"宁为林务署长，不做英国国王"，利奥波德热情附议。

1909年，利奥波德从耶鲁大学毕业，获得硕士学位。林务局聘用他带领一支六人勘察队，到亚利桑那州东部调查新成立的阿帕奇国家森林。军队已经把原先住在那里的阿帕奇人强行赶出森林。利奥波德和队员被分配到蓝山山脉，那里几乎没有道路。据一位早期的森林督察员说，蓝山是"异常险峻的乱石山岗"，地势陡峭，连放牧牲畜都不适合。勘察队只能步行或骑马，估计林木蓄积量。利奥波德全身心地投入其中，却麻烦不断。他培训时迷路了两次；无视团队中更有经验的人的建议；吝啬物资投入，丝毫不顾及营地的舒适度，坚持要求所有人适应他的苦行习惯。经历过三个月繁重的技术和体力工作，队员们相互厌恶，也对利奥波德厌烦透顶。利奥波德的上司调查了队员们的投诉，决定再给他一次机会，否则利奥波德就得提前结束林业生涯了。

　　尽管有种种成长的烦恼，但利奥波德还是被周围的环境迷住了。"清晨，银色的面纱笼罩着远处的山峦——精致得难以被称作雾，广阔得难以美言——它无法被描述，只能亲见，"他在给母亲的信中说，"我今晚要休息。写完这封信后，我要出去坐到畜栏上，聆听河边的蛙鸣。"到第二年夏天，他的勘察工作就顺利得多了。1911 年，二十四岁的利奥波德被派到阿尔伯克基[1]的林务区办公室工作。

　　在圣达菲的春季交谊舞会上，埃斯特拉·伯格雷（Estella Bergere）迷住了利奥波德。她出身当地名门望族，祖先可追溯到西班牙殖民时期，家中有八位姐妹。利奥波德还没来得及追求埃斯特拉，就被林务局调到科罗拉多－新墨西哥边境的卡森国家森林。他狂热地给埃斯特拉写信，讲述如何感念埃斯特拉在舞会上送他的鹦鹉状灯笼，因此给自己的新马取名波利[2]。熬过数周的相思之苦，他坐火车到圣达菲拜访埃斯特拉。埃斯特拉追求者众多，一直吊着利奥波德，不过利奥波德假装毫不在意："我一直忽略没有复函的情况，只在收到来信时才提这事。"那年夏天，他在写给姐姐的信中说，"我不会去做备胎，也不会停止追求，现在还没有盖棺定论。"

1　美国新墨西哥州中部城市。利奥波德这段时间的工作都是在新墨西哥州开展的。
2　Poly，鹦鹉的名字。

通信四月，见面三次，利奥波德向埃斯特拉求婚。埃斯特拉考虑了几周，终于同意了。不久前利奥波德升任森林主管，于是这对新婚夫妇搬到了卡森国家森林的郊区。埃斯特拉很快就成为能干的猎手和自耕农。几个月后，埃斯特拉怀上了第一个孩子。

1913年春，在一次为期数天的森林负重徒步中，利奥波德的膝盖开始肿胀，痛苦难耐。到家时，他的脸、手、胳膊和脖子都明显发炎了。同事说服他去圣达菲求医。诊断结果是急性肾炎，他被勒令休息六周。一年半之后，他才重回卡森国家森林恢复全职工作，不过他再也不能继续林务署长的劳碌生活了。

假如治疗延误片刻，利奥波德很可能就死了。然而，如果他没有生病，我们今天可能不会记得他。在强制休假期间，奥尔多和埃斯特拉搬到了艾奥瓦州，等待孩子出生。他们给孩子取名斯塔克。在那里，利奥波德远离林务局的日常工作，广泛阅读，不断追问。这些思考求索后来都写进了他的文章和书籍中。

此期间，利奥波德博览群书，一本新鲜出炉的书对他影响最大。这本书是他买给父亲的礼物——威廉·坦普尔·霍纳迪写的《我们正在消失的野生动物》（*Our Vanishing Wild Life*）。"美国人常会觉得，野生猎物取之不竭，可以尽情宰杀，"霍纳迪写道，"现在是时候直白地告诉所有人：自古以来，从没有过任何地方，野生动物能多到文明人无法快速灭绝。"

利奥波德将《我们正在消失的野生动物》传递的紧迫感铭记于心。早年间，利奥波德把自己的狩猎行为准则教给儿子；几十年后，美国国会通过《雷斯法案》，禁止跨州运输非法猎取的动物，以此支持各州的狩猎法规。1903 年，罗斯福总统在佛罗里达州鹈鹕岛设立鸟类保护区，而后陆续建立了第一批国家野生动物保护区。但是，联邦和各州的法律执行情况不尽如人意，偷猎是家常便饭。一些运动猎人自我约束，但更多的猎人仍我行我素。当时美国专业保护人员的队伍还很小，而且分散。即便是他们，也很少有人认识到，可以有意管理猎物物种，也就是为了运动休闲和获取食物而猎杀的鸟类或兽类。在平肖的推动下，林学正迅速成为一门科学，但猎物管理还只是"腹中胎儿"，亟待有人宣扬其经济和社会效益。

后来利奥波德终于康复，回到林务局上班。他编写了一本《猎物管理手册》，供西南地区的护林员和林业官员使用。按道理，他们本应协助各州的看守人逮捕偷猎者，事实上却很少这样做。"自然状态下，北美动物群之丰富冠绝全球。然而猎物储量已经减少了 98%，"他写道，"十一个物种遭到灭绝，还有二十五个正走向灭绝。自然需要一百万年才能形成一个物种，甚至更长时间……人类，以其所有的智慧，进化完善程度尚不如地松鼠、麻雀或蛤蜊。"他所列举的事实未必牢靠，但他的激情毋庸置疑。平肖管理森林的"科学"方法，是让树木、人类和野生动物均从中受益，然而林务局的典型做法是不考虑其他物种的利益。利奥波德对林务局的优先序列不以为然，于是自行重新安排。

1915 年秋天，霍纳迪到美国西部巡回演讲，来到阿尔伯克基。当时北美的野牛数量也已经恢复到数千头。作为平原野牛的拯救者，霍纳迪闻名遐迩。他开始与东部的保护团体发生龃龉，于是与罗莎莉·埃奇结盟。霍纳迪向热情的运动家们发表演讲，捐赠几百美元帮助组织当地的猎物保护团体。霍纳迪亲笔签名，把新近出版的书送给利奥波德："致新墨西哥州和亚利桑那州火线上的奥尔多·利奥波德先生。"短短几个月，利奥波德就在新墨西哥州成立了猎物保护组织，不是一个，而是四个。他后来告诉一群阿尔伯克基商人，这些协会的目的是"恢复每个公民不可剥夺的认识和热爱家乡野生动物的权利"。

利奥波德全身心地投入到新的使命中，尽管——也许是因为——健康状况仍然不稳定。"我不知道我是剩二十天还是二十年，"他写道，"无论余生长短，我都希望有所成就。"1916 年秋天，他的努力得到了回报。新墨西哥州州长任命猎物保护协会支持的候选人，担任该州第一位首席猎物管理员。霍纳迪向"我亲爱的上校"罗斯福报告了新墨西哥州的进展。几天后，三十岁的利奥波德收到前总统的来信。

"我亲爱的利奥波德先生，"罗斯福写道，"我想向阿尔伯克基猎物保护协会蓬勃发展的事业致以祝贺。在我看来，你们新墨西哥州的协会正在为整个国家树立榜样。"

1920年春天，利奥波德的关注范围再次扩展。他和同事到新墨西哥州中部做了一次旅行。回家后，他给母亲写信道："我们眼睛周围糊上了四分之一英寸厚的泥土。这些土吹进眼睛，被'揉碎'，每隔几分钟你就得扯下几个土包。"

时任林务局西南区二把手的利奥波德，正面临土壤侵蚀加速恶化的问题。几十年来，不分轻重的放牧已经剥去大部分土地的植被，使土层变得极不稳定。在第一次世界大战期间，军事需求驱动过度放牧，使得情况恶化。在吉拉国家森林[1]，河岸遭到严重侵蚀，大大小小的山洪数次淹没银城镇，把主街变成五十五英尺深的沟渠。罗莎莉·埃奇在起居室看到尘暴之前十五年，利奥波德就看到了尘暴的形成。

像埃奇及其同道威拉德·范·纳姆一样，利奥波德为其他物种辩护呐喊。在那个时代，多数欧美人士认为，我们所说的"环境"是各种单独资源的集合：土壤、水、动物、植物；即便对保护感兴趣的人士，认识也不过如此。然而生态学正在发展，利奥波德很早就理解了生态关系，因为他

1　新墨西哥州共有五处国家森林，分别是：卡森国家森林、西博拉国家森林、吉拉国家森林、林肯国家森林、圣达菲国家森林。

从小就在观察和描述生物世界。他意识到，摇摇欲坠的山坡与河岸，对土地和居民都是冲击，任何持久的补救措施都需要改变人类与土地的关系，而且是所有的土地，包括私人土地和公共土地。

侵蚀也提高了利奥波德保护"荒野"土地的兴趣。彼时，保护界刚开始讨论荒野这个概念。利奥波德援引平肖土地应用于"最高用途"的理论，进一步提出，在某些情况下，最高用途恰是最小用途。起初，利奥波德的林务局同事对这种看法很是犹疑警惕。经过几年的内部斡旋，到1924年春天，利奥波德获得足够的支持，完成吉拉国家森林休憩计划，将超过七十五万英亩土地指定为荒野区。荒野区内只允许保持较低水平的放牧；允许打猎，但不允许使用机动车；土地将保持不铺设道路的状态，人类只能步行或骑马。

完成休憩计划几天后，利奥波德收到消息，现任林务局局长威廉·格里利（William Greeley）希望他出任林务局森林产品实验室的助理主任和候任主任。这是平肖在威斯康星州麦迪逊市建立的实验室。这份工作很有名望，但利奥波德已经花了十多年的时间熟悉西南地区，对把树木留在地上比把它们变成产品更感兴趣。埃斯特拉的家乡在西南地区，四个孩子年纪尚幼，搬家并不容易。利奥波德此前屡次拒绝晋升和其他能离开西南地区的聘任，不过这次他决定接受这个职位。

1924 年 5 月 29 日，利奥波德搬到威斯康星州。五天后，地区林务官弗兰克·普勒（Frank Pooler）批准利奥波德的吉拉国家森林计划，创建全国第一个专门划定的荒野区。吉拉荒野区存续至今。1980 年，荒野区东部边界的高山划入相邻的奥尔多·利奥波德荒野区。

利奥波德在森林产品实验室待了四年，颇为沮丧。他等待继承的主任职位遥遥无期。树木和森林"废弃"产品，如木屑，市场前景黯淡；利奥波德试图激发同事发现这些产品的新用途，也徒劳无功。在实验室之外，他花时间陪伴家人，熟悉威斯康星州的保护政治，还编写了一本介绍西南地区猎物的书。

1928 年 6 月，利奥波德离开林务局。他拒绝了几个工作机会，最终与运动武器和弹药制造商协会签订了合同。这个行业组织希望他开展全国猎物调查。这种生活不够稳定，却是利奥波德无法拒绝的机会。

当时，人们只能猜测猎物物种的状况，实际上对大多数其他物种也都是如此。在北美以及全球各地，关于野生动物的精确信息几乎一片空白。诸如某个地方有多少动物，其数量如何随时间变化，以及它们的生存需要什么，这些问题无人知晓。既然缺乏数据，想要保护动物的人士就只能互相打口水战。

霍纳迪昔日迷恋休闲狩猎，如今却公开仇恨这些活动。他谴责猎人导致水禽、白尾鹿和北美马鹿数量下降。许多动物福利组织赞同霍纳迪的观点。然而，许多保护组织的创始人和成员本身就是猎人。他们倾向于淡化运动狩猎对物种数量减少的影响，更愿意指责商业狩猎或其他因素（奥杜邦学会与霍纳迪和罗莎莉·埃奇发生冲突，便是它不愿意呼吁加强对狩猎的限制）。运动武器协会毫不掩饰自己的立场，不过协会领导表示，他们希望得到真实结果，承诺让利奥波德放手调查。

利奥波德一边工作一边完善调查方法，但从一开始他就不仅仅对数量调查感兴趣。他采访每个州的猎人、林务员、农民、记者和其他跟狩猎有关的人士。所有潜在的影响因素都值得关注：地质、地理、植被，以及当地对保护和教育的态度。他的调查报告一贯语言平实，充满细节，深受好评，不过他还几乎没有触及自己的领域。当年底，利奥波德和他的赞助商达成一致，将调查局限在上中西部地区[1]。

1929 年末，股市崩盘后仅一个月，利奥波德在美国猎物保护协会全国会议上预告了他的成果。在整个上中西部地区，狩猎法规已经完善，但"对其他因素的控制"——比如食物、庇护植物、捕食者和疾病等——"根本没有进展"，

---

1 美国的中西部包括原属西北领地（五大湖地区）及由路易斯安那购地案得到的州（属于美洲大平原）。此处提到的上中西部地区，即围绕密歇根湖的区域。

而且雁鸭类的数量仍在下降。"我们唯一能做的是增加野生动物的数量，"他说，"使环境更加有利于动物……保护运动要实现其目标，这是要遵循的基本原则。"这些观点在今天已经是老生常谈的基本道理，但在当时并非如此。在当时，栖息地的生态学概念——即每个物种的生存都需要一组特定的资源——还是很新颖的。当时大多数保护人士仍然认为，保护物种就是禁止打猎，而不是阻止推土机毁坏灌木和湿地。

会议结束后，猎物保护协会请利奥波德协助起草新的猎物保护政策，利奥波德借机强调栖息地的重要性。利奥波德和政策委员会其他委员指出，沙尘暴和大萧条造成大量农民破产，政府应趁机购买并保护价格低廉的土地。他们建议政府或猎人为私人土地所有者提供补偿，换取后者保护猎物栖息地，并允许狩猎。

第二条建议颇具争议。在殖民地时期，英国实行排他性的猎物管理法。美国独立之后，长期以来，许多州一直允许猎人自由进入未开发的、没有围栏的私人土地，除非贴有明确禁止进入的标志。但农民对游荡的猎人逐渐失去耐心，越来越多的农民在自己的土地上张贴告示。利奥波德及其同事认为，向农民支付保护栖息地和允许进入的费用，将有助于维持猎物数量，使农民和猎人共同受益。关键是，这些措施不单保护猎物，拟定的政策将敦促猎人与"不愿开枪的保护人士和科学家"合作，共同制定和资助保护所有野生动物的措施。

经过多轮激烈讨论，猎物保护协会批准这项政策，并持续执行了四十多年。这项政策只是私人团体的信条，而非政府机构的公约，但这是第一次提出国家猎物保护战略的雏形。利奥波德的主要观点包括：猎物是一种公共信托，应该由法律而不是市场来管理；法律应以科学为依据；应该允许负责任的猎人打猎，并要求他们资助保护工作。职业保护人士后来吸收这些想法，形成了所谓的野生动物保护北美模式。

利奥波德的猎物政策，顺应了时代对包括猎物在内的其他物种的关注，利奥波德也因此声名鹊起。他的照片登上《时代》杂志，《美国森林》将该政策的通过比作新的"制宪会议"。霍纳迪对最终出版的猎物调查报告大加赞赏，不过坚持认为所有狩猎活动都有破坏性影响。威拉德·范·纳姆为人倨傲，对猎人组织殊无好感，不过也称赞这份报告是"亮点"。

1933 年，利奥波德出版教科书《猎物管理》，综合阐述了他的思考。在本书开篇，他向一位不知名的"十字军战士"致敬，这位战士神似霍纳迪。"他坚持认为，我们对自然的征服带有道德责任，即保存各种受到威胁的野生生物，"利奥波德写道，"对于任何赞同野生事物不仅是愉悦消遣的人，这构成了道德进化的里程碑。"利奥波德给霍纳迪寄了一本书，并附上感谢信。他在感谢信中说："您到访阿尔伯克基，开启了我在这个领域的所有探索……您随后的鼓励让我坚持不懈。"

他还请求霍纳迪帮他找一份工作。结束猎物调查后，利奥波德虽然声名鹊起，却没有工作，而大萧条还没结束。大约有一年时间，他和家人只能靠断断续续的咨询工作维持生计。到1934年，利奥波德在威斯康星大学新的植物园发表演讲时，他的盟友和崇拜者已经说服大学校友研究基金会，资助他担任狩猎管理教授。这种职位在全美甚至全世界都是第一个。

利奥波德对待教学非常认真。对他来说，教学不仅是指导年轻的专业人士，还意味着唤醒各种类型的学生，让他们了解自己与其他生命的关系。在一门本科课程上，上到中间时他跟学生说道："我现在要告诉你们这门课程的目的是什么。我希望教你们由'自然物体'（土壤和河流、鸟类和野兽）组成的字母表拼出的故事。"他告诉学生，一旦学会'阅读'土地，他们将看到土地的美丽和效用："只有我们理解的东西，我们才会热爱并明智地利用。"在利奥波德看来，缪尔的浪漫主义和平肖的实用主义没有根本冲突。他相信，热爱其他物种并明智地利用它们是可能的。

利奥波德逐步将生态学原理引入自己的课程和研究中，

推动猎物管理超越其农学基础。他在五年内晋升为野生动物管理教授，并将猎物管理的本科课程改名为野生动物生态学。他吸引了一批不拘一格的天才研究生。弗朗西丝·哈姆斯特伦（Frances Hamerstrom）曾是波士顿名媛，做过时装模特，后来转向科学，在利奥波德门下获得硕士学位。利奥波德的门生对他非常忠诚。哈姆斯特伦回忆道："那时候，不是每个人都知道奥尔多·利奥波德是一个伟大的人。但他的学生知道。"

生态学发展迅猛，术语更为复杂，研究范围也在扩大。尘暴带来的灾难让该领域受到更广泛的关注。在巴拿马和拉丁美洲其他地方，美国研究人员对热带森林的研究不仅发现数以千计的陌生物种，还揭示了新层次的生态复杂性。纽约动物学会的科学家威廉·毕比（William Beebe）年轻时是鸟类学家，曾受霍纳迪之命考察过伦敦的鸟羽市场。1930 年 6 月，他爬进名为水球的铸铁空心球，在百慕大海岸外前所未有地下潜了几次。毕比最终下潜至海面以下超过半英里，成为第一位在深海观察生物的生态学家。利奥波德说，生态学家"每天都在揭开错综复杂又相互依存的网络，这连达尔文本人都会感到惊讶"。

1935 年末，在一个国际基金会的资助下，利奥波德加入美国林务官考察团，去德国旅行了三个月。这次旅行使他的生态学意识变得更强。和前辈平肖一样，利奥波德受到德国森林的震撼，最终对之心生排斥。许多森林清除灌木，代之以一排排整齐有序的云杉树。猎物管理人通过补充食物来增加鹿的数量，这虽然便利了富有的猎人，但巨大的鹿群破坏了森林。"只要在德国的森林里旅行上许多天，无论它是公共森林，还是私人森林，你肯定会发现，人工管理的猎物和人工管理的森林在彼此摧毁，"他后来写道，"德国努力获取木材和猎物的最大产量，但两者都落空了。"利奥波德管这种林业叫"白菜牌"或"立方体"。很多德国人也意识到了后果，于是兴起自然保护（*Naturschutz*）运动，倡导人为干预较少的保护方法。然而，与美国一样，自然保护运动的部分领导人，往往把其他物种的生存与国家和种族的生存关联到一起，这无疑是第三帝国接受并吸收美国边疆论的回响，令人不寒而栗。在利奥波德抵达德国的几周前，第三帝国通过了《国家保护法》，允许帝国没收私人财产用于自然保护区。德国一些著名保护人士转而支持该法案，尽管并非全部。

对德国当时的政治局势，利奥波德和同行的林务官们可能只有粗浅的认识，但肯定注意到了张贴在商店和餐馆外面的"犹太人禁止入内"的标志。利奥波德童年时学过德语，经过日常练习，德语也有所恢复。他可能比同事听到和看到了更多的残酷行为。返回美国后，他对德国勃兴的民族主义和军国主义深感不安，认为战争不可避免。三年后，在德国期间招待利奥波德的朋友，给他寄来一封令人悲痛万分的信件。这位朋友从达豪集中营和布痕瓦尔德集中营死里逃生，逃到了肯尼亚，但还有一位兄弟困在德国。利奥波德呼吁美国国务院帮助那位兄弟，但未获成功，最终安排他移民南非。

利奥波德知道，纳粹血统与土地的主张，并不能解决他在德国所见的净化林业的问题。他认为，森林缺乏"某种旺盛的生命力，这种生命力来自相互争夺阳光的纷繁植物"。政治也好，森林也罢，对秩序的执着追求与新兴的生态学原则背道而驰。土地所需要的不是一致性，而是复杂性。

从德国回来后不到一年，利奥波德就参加了两次狩猎旅行。第一次是到墨西哥北部的西马德雷山脉。在那里，他重新回到青年时代作为林务局新兵时所熟悉的风景中，但有一点不同：在边境的墨西哥一侧，森林未被砍伐，河岸也没被家畜啃食干净。清晨，成群结队的鹦鹉在头顶盘旋聒噪。

人类在这片土地上至少居住了上千年，有阿帕奇人和其他原住民，有西班牙人和原住民的混血后裔，有逃避美国迫害的摩门教徒。由于人数不多，生存方式独特，这些人没留下多少痕迹。利奥波德后来写道，正是在马德雷山脉，他"第一次清楚地意识到，土地是一个有机体，而我一辈子看到的尽是生病的土地"。利奥波德在短时间内走了很多地方，观察到很多对比反差。根据这些观察，他完成一篇新文章《土地的生物观》，提出一种能取代"自然平衡"理念的隐喻。自然平衡植根于林奈集权式自然经济的概念，直到今天还在风行于世，但在利奥波德的年代，许多生态学家摒弃了这个过时的概念。当时，利奥波德刚与英国生态学家查尔斯·埃尔顿结为密友。借用埃尔顿的理论，利奥波德称生命系统的组织为"生物金字塔"：土壤在底部，食肉动物在顶部。在健康的系统中，随着生物体的消费和被消费，能量沿金字塔向上流动；随着生物体的死亡和腐烂，能量向下流动。生命系统必须响应环境的变化，但人类影响环境的"力度、速度和范围前所未有"。在这个意义上，保护稀有物

1938 年 1 月，奥尔多·利奥波德在墨西哥奇瓦瓦州用弓箭狩猎。

种——"秃鹰和灰熊、草原植物和沼泽植物"——就是"抗议生命暴力"。在利奥波德看来,保护的终极目的是保持生命系统的能量流动。

利奥波德看到,这项工作是"人类历史上最古老的任务",必须在多种尺度上进行。埃奇和霍纳迪刻意与体制保持距离,但利奥波德不一样,他是忠实的制度主义者。他毕业于耶鲁大学,当过林务局职员、大学教授,加入了布恩和克罗克特俱乐部。他是一个关系紧密的大家族的子弟,还是另一个大家族的族长。他相信组织的力量可以带来积极的变化,大半辈子都在组织中度过。但他也是坚定的个人主义者。他排斥德国日益增长的民族主义,对民族主义在美国冒头感到担忧。他认为保护是个人的工作,而每个人都是"相互依存的共同体成员"。

利奥波德对工作一丝不苟,也同样重视生活的乐趣。他从未失去对户外探险的热爱,而且,像他父亲一样,他也让孩子们参加大大小小的户外活动。他对家中的宠物宽容以待,包括几只狗、两只乌鸦、一只库氏鹰和一只松鼠。他喜欢看电影,对各种类型雅俗共赏。他也挺喜欢聚会,尽管有时还需要埃斯特拉劝说。他经常倒立行走,取悦孩子。简而言之,他意识到生活不应该仅仅停留在思维的层面。"早餐比道德更重要。"他曾对女儿尼娜说。

20 世纪 30 年代中期，一到周末，利奥波德一家就到小屋工作和玩耍，利奥波德对其他物种的思考逐步发生了彻底的转变。在职业生涯早期，他毫无歉意地只关注那些自己认为"有用"或"有趣"的物种。那时候，狼和大多数捕食动物显然都不入他的法眼。像当时许多猎人一样，他经常提到需要减少或消灭自己喜爱的猎场上的"害兽"。1920 年，在纽约全国狩猎大会上，他对参会代表说："要想在新墨西哥州抓住最后一只狼或狮子，需要耐心和金钱。只有抓到最后一只，这项工作才算完全成功。"

　　其他保护人士已经认识到，食肉动物是食物网的一部分，捕杀它们往往不能解决问题，反而会造成更多问题。早在 1911 年，麦迪逊·格兰特就为"所谓的害兽"辩护，认为清除它们"往往会导致最意想不到的不良后果"。加州博物学者约瑟夫·格林奈尔时任加州大学伯克利分校教授，他从 1912 年开始游说加州保护食肉野兽。格林奈尔及其同事激烈地批评生物调查局，后者以保护猎物和牲畜的名义广泛消灭食肉动物，后来引起了罗莎莉·埃奇的愤怒。格林奈尔写道："以'保护'之名搞破坏，这真是奇怪的变态行为。"

　　1922 年，利奥波德向格林奈尔主编的《神鹫》杂志提交了一篇文章。鹌鹑是利奥波德最喜欢的猎物，他在文章中描述了他对走鹃捕食鹌鹑的发现。"我以前从未杀过走鹃，"他写道，"但它们现在上了我的'黑名单'。我绝不罢手，直到有人证明这是走鹃习性的例外之举。"杂志执行编辑不同意这种看法，认为走鹃和鹌鹑一样称心。编辑不无讽刺地补充说："不过，我想，你是站在'保护猎物'[1]的立场上看待这个问题的。"利奥波德承认自己"有点儿草率"，向编辑保证自己"衷心赞同"格林奈尔。后来删掉了那句话。

到20世纪20年代中期，利奥波德开始认真考虑消灭食肉动物的不利后果。在大峡谷以北的凯巴布高原，由于缺乏山狮、狼和其他捕食者，鹿大量繁衍，啃光了所有可食用的灌木和乔木。最终，有好几个冬季，数以千计的鹿被饿死，引起全国震惊。小说家赞恩·格雷（Zane Grey）甚至尝试把一些鹿赶进大峡谷，渡过科罗拉多河。他也许是受自己写的西部小说的启发，不过这次尝试失败了。惊慌失措的政府官员给每人发放三张猎鹿许可证，终于强力减少了鹿群。科学家后来反复调查凯巴布的灾难，最新的分析表明，清除捕食者确实跟鹿群数量激增有关，但还有不确定性。

利奥波德当时已经到麦迪逊市工作，他开始怀疑，在这种情况下，生物金字塔失去了塔尖。1929年，吉拉国家森林中的鹿群迅速增长，食物供应不足。利奥波德悄悄向同事建议，"这段时间别管山狮"可能会阻止危机。在接下来的几年里，通过吸收生态学的发展成果，也受到自己猎物调查

1　英文原文在这里用的词是 game protective，game 既可表示猎物，也有狩猎的意思，一语双关，表达出编辑的讽刺。

发现的影响，利奥波德对食肉动物的立场也在持续改变。到20世纪30年代初，他开始公开反对诱捕和毒杀食肉动物。他在第十九届全国狩猎大会上告诉听众，食肉动物控制应该"不情愿地、有选择地进行，而且只在别无他法恢复猎物的情况下采用"。

1935年，《全国步枪协会》杂志发表了一篇文章，赞扬猎鹰是"所有步枪运动中最纯粹的运动"。利奥波德致信该组织的主席，不无苦涩地邀请作者："我无限希望伯奇先生射杀我壁炉架上的花瓶，而不是射杀我阿拉斯加的老鹰。"利奥波德是天生的外交家，不像罗莎莉·埃奇那样喜欢冲突。收到紧急保护委员会措辞特别激烈的小册子后，他给埃奇写信说："但这对持不同看法的人不公平，也毫无益处。"埃奇愉快地回答说："那些言辞犀利地说出真相的人，并不指望得到所有人的赞扬。"尽管如此，他们的观点日趋一致，关注点都是整个生物金字塔。

将近十年后的1943年，利奥波德出任威斯康星州保护专员，试图将理论付诸实践。当时威斯康星州北部森林中鹿群严重过剩，利奥波德和多数同僚建议设立允许猎杀母鹿和幼鹿的狩猎季节。他们推测，威斯康星的狼群几乎灭绝，需要人类猎手填补顶级捕食者的角色。但公众激烈反对，批评者甚至援引前一年夏天上映的迪士尼电影《小鹿斑比》，州立法机构也驳回这项政策。不仅如此，他们重新悬赏捕杀威斯康星州剩余的狼群，导致饥饿的鹿群啃噬了数以亿计的幼树。委员们受到诋毁，利奥波德沮丧地反思说："公众还不如骡子，前后腿都在乱踢。"

在这段伤痕累累的经历中，利奥波德撰写和修改了一系列文章，最终汇编成《沙乡年鉴》。他把几份草稿寄给自己以前的研究生阿尔伯特·霍赫鲍姆（Albert Hochbaum）。霍赫鲍姆是才华出众的艺术家，当时在马尼托巴管理野鸭管护站。利奥波德嘱他编辑文稿，绘制钢笔画和水墨画。霍赫鲍姆一一照做。

"你想表达的教训是保护自然，这是必须要传授的，"阅读几份草稿后，霍赫鲍姆致信利奥波德说，"但如果你凌驾于他人之上，教训就很难传授。"如果利奥波德能自曝其短，那么文章会更有效。"暗示自己在达到思考的终点前，你也曾像其他人一样步入歧途。"霍赫鲍姆建议利奥波德做一些忏悔，特别是关于食肉动物的。"我刚刚读到蒙大拿州去年杀死了最后一只灰狼，"霍赫鲍姆写道，"我想你不得不承认，你手上也沾了它的血。"

利奥波德对这个建议很感兴趣，但也有所保留。"你的观点显然很有道理。我们或多或少都经历过一些磨炼，也许可以寻找一些坦诚的机会。但问题是如何兼顾文学效果。"霍赫鲍姆觉得文学效果并不是利奥波德唯一关心的问题，便继续说服导师。最终利奥波德接受霍赫鲍姆的建议，成就了他的名篇《像山一样思考》。

在这篇文章中，利奥波德将他多年的转变压缩到发生于1909年动荡夏天里的一件事。当时他年轻气盛，自诩无所不知，努力激励林务局的调查人员。有一天，他和同伴在河流峡谷顶部边缘吃午饭，看到脚下远处有一只动物蹚水前行。他们本以为是母鹿，等动物走近，却发现那是只母狼，旁边还有五六只快成年的狼崽。"那年月，从未有人会放弃杀死一只狼的机会。"利奥波德写道。他和同伴毫不犹豫地举起步枪，向峡谷里射击。当他们下到河谷时，母狼已经受伤，但仍然活着。利奥波德看着"激烈的绿色火焰"从它的眼睛里褪去。"我那时候还很年轻，满脑子就想着扣动扳机；狼少意味着鹿多，没有狼的地方可不就是猎人的天堂，"他写道，"但看到绿色的火焰消失后，我感觉到狼和山都不同意这种观点。"

利奥波德的小屋南边不远，就是巴拉布山脉不规则环状的石英岩山丘。巴拉布山脉形成于十几亿年前，元古代晚期，那时地球上还没有出现脊椎动物。起初山脉覆盖着一层海洋沉积物，后来被逐渐侵蚀，露出石英岩体。全球类似巴拉布山脉的地方并不多见。约翰·缪尔小时候大部分时光都在附近一个农场度过。为了逃避繁重的家务和暴虐的父亲，他曾经爬过一个古老的流纹岩包，名为天文台山。从山顶上，缪尔几乎可以看到利奥波德终有一天会种上松树和草皮的河滩。

自从缪尔和利奥波德相继从这里走过，周围的生物已经变了。利奥波德和家人种植的数百棵松树仍然活着，耸立荫蔽在棚屋之上。奥尔多·利奥波德基金会拥有这片土地的所有权。2015 年，为了恢复草原鸟类栖息地，基金会开始疏伐洪泛区的森林。利奥波德的曾孙们前来参观，其中几位仍活跃在基金会中。基金会的使命不仅是维护利奥波德的遗产，还要延续利奥波德开启的恢复工作。

1948 年 4 月 21 日，利奥波德、埃斯特拉和小埃斯特拉带着他们新收养的狗来到小屋。那是一只德国短毛指示犬，名为弗利奇。早餐后，利奥波德注意到远处升起一股烟雾，就在邻居的农舍附近。风把烟雾吹向棚屋，这让他异常紧张。"真的很紧张。"小埃斯特拉回忆说。他从橡子上拉下背包泵，装满水，大步向烟雾走去。小埃斯特拉给消防部门打了电话，她和母亲拿着耙子和湿扫帚在小屋附近站岗，准备扑灭流散的火星。大约一小时后，烟雾似乎变小了，小埃斯特拉看到一位陌生人向棚屋走来。"你父亲状况不太好。"他跟小埃斯特拉说。

她看着他的脸。"啊，比那更糟糕，"她说，"是不是？"在火场周围行走时，利奥波德心脏病发作。他放下水泵，仰面躺下，双手抱胸，头枕着一丛草。他口袋里有两张威斯康星大学的教师卡、一张大学俱乐部卡、一张驾照、一张埃斯特拉的照片和一个带尺子的小笔记本。笔记本上写了上午的观察结果：一只蓝鹭，三只北美黑啄木鸟，盛开的血根草[1]。大火烧焦了这几页笔记。

一个多月后，埃斯特拉、小埃斯特拉和尼娜回到棚屋。"除了继续爸爸会做的那些事，我们完全不知道该干些什么。"小埃斯特拉回忆道。她注意到哪些花在绽放：蓝色的酢浆草、白色的流星花[2]、乌脚紫罗兰；也注意到哪些鸟在歌唱：鹌鹑、丘鹬、红头啄木鸟。一只蜂鸟在院子里嗡嗡穿行。

"花儿还会再开，鸟儿还会再叫，但爸爸再也不能观察它们了，"小埃斯特拉说，"这怎么可能呢？"

利奥波德曾计划在那个夏天完成散文集。在他去世后的几个月里，妻子埃斯特拉、儿子卢纳和一些朋友、同事共同接手了这项任务，对手稿做了些微小的修改。1949年秋天，《沙乡年鉴》出版，评论热情，在保护界读者甚众。不过，此后二十多年里，这本书一直像是某种邪教的经典；苏珊·弗拉德（Susan Flader）是利奥波德的第一位传记作者，她从大学德语教授那里得知这本书，一直以为是"私人的发现"。直到1970年，配合第一个地球日印发了大众市场

1　一种罂粟科植物。
2　Dodecatheon 本意为十二神殿。该花又名美国樱草，因为一根茎上有十二朵花而得名。

版，这本书才成为今天被广泛引用的作品（我手头破旧的平装本，1991 年出版，第三十一次印刷）。

《土地伦理》是书中最著名的文章，也是利奥波德终身思考保护运动的精华。从林务局时代起，他就明白保护运动必须对抗人类看待其他物种及其栖息地的"帝国主义哲学"，特别是在私人土地上。保护需要的，不仅是他在大学植物园演讲时不屑提及的"一些鱼类和野生动物保护法规"，也不仅是经济改革和激励政策，尽管这些也是必要的。"唯一有效的补救措施"，他在文章中总结道，是培育"私人所有者的道德义务"，让他父亲自我限制狩猎的那种义务。他警告说，"伦理这么重要的东西不是写出来的"，但他还是把他的伦理形诸文字："一件事情，当它有助于保护生命共同体的完整、稳定和美丽时，它就是正确的；反之，它就是错误的。"

利奥波德并非训练有素的哲学家。几十年来，他的伦理受到各种批评：太模糊或者太死板，太资本主义或者太共产主义。他设想小土地所有者结成共同体开展保护，但他没有预见到，在 20 世纪下半叶，由于农业机械化和市场压力，平原地区普遍出现土地兼并，农场数量急剧减少，规模不断扩大。

但土地伦理并非仅仅适用于土地所有者。虽然利奥波德陈述土地伦理的几十个字已经被几代学者仔细研究过了，但我同样喜欢文章中的另一段，即利奥波德对其伦理学效果的期冀。"简而言之，土地伦理是要把人类在共同体中以征服者的面目出现的角色，变成这个共同体中的平等的一员和公民。它暗含着对每个成员的尊敬，也包括对这个共同体本身的尊敬。"

人类是共同体中的普通成员和公民，尊重每个成员，也尊重共同体。在利奥波德称呼的土地共同体中，普通成员和公民非但不同于征服者，也与基督教中装扮和维持伊甸园的管家迥异。《圣经》中与之更相似的，也许是爱邻如己的诫命：邻居们相互照顾，同时在共同体范围内给予彼此尽可能多的自主权。人类与其他物种的关系，无论是饲养还是猎食，无论是仁慈以待还是利益驱动，很少有完全单向的，而且几乎任何物种都有或多或少的自主潜力。在我看来，普通成员和公民的角色，会让我们都认识到人类与其他生物相互依存的关系，也认识到人类维护其他生物独立性的独特能力和责任。

利奥波德的五个孩子都是卓有成就的科学家和保护人士，也都先后在破败的土地上修建了自己的棚屋。目前健在的只有小埃斯特拉，她是化石花粉方面的专家，曾到中国和南太平洋各地开展研究。小埃斯特拉在华盛顿大学任教数十年，九十三岁还在主持实验室工作。她在科罗拉多有座棚屋，由侄子、侄女帮助照看。谈起利奥波德家人和他们的棚屋，她说这种关系是相互的："我们修复了这些地方。它们也修复了我们。"

1934年，利奥波德到大学植物园发表演讲一个月后，俄克拉何马州的尘土还在空中弥漫，利奥波德和儿子斯塔克以及兄弟卡尔一起到威斯康星州北部钓鱼。回家路上，它们在野牛湖附近停下来，观察一对沙丘鹤。当时威斯康星州只剩下大约二十对繁殖的沙丘鹤。他们用双筒望远镜扫视沼泽地，这些鸟儿突然从附近的树林边飞了起来，大声鸣叫。"它们真令人觉得高贵。"利奥波德在日记中写道。他从此长期迷恋鹤类那种笨拙的优雅，专门写了一篇文章《沼泽地的挽歌》。"我们现在知道，它的族群源自遥远的始新世，"利奥波德写道，"当我们听到它的呼唤时，传入我们耳中的不再是鸟叫。我们听到的是'进化'管乐队的号声。它是我们蛮荒的过去的标志，是那个不可思议的黄金时代的气势之标志，这个时代构成并提供了鸟类和人类日常生活的基础和条件。"

1937年，利奥波德发表这篇文章时，沙丘鹤种群正遭受商业和休闲猎手的严重打击，为沙丘鹤谱写挽歌显然正当其时。不过，幸运的是，奥杜邦学会几十年前倡导的狩猎限制正在生效，沙丘鹤的数量开始缓慢上升。

同时，联邦政府利用利奥波德及其同事在保护政策中提到的机会，购买边边角角的农田作为野生动物的栖息地，进行种群恢复。接下来的二十年里，大约有一千四百万英亩土地纳入全国野生动物保护区系统，其中包括威斯康星州一些沙丘鹤历史分布区内的土地。在公共和私人土地上，开始恢复曾被排干、垦为农田的湿地。到 20 世纪 60 年代中期，奥杜邦学会志愿者的年度鸟类调查和官方生物学家的研究，已经在美国东部记录到四百多只沙丘鹤。到 21 世纪第二个十年，沙丘鹤的数量超过四万五千只。

利奥波德有留下在棚屋没见到沙丘鹤的明确记录。但在 20 世纪 70 年代，埃斯特拉和小埃斯特拉发现一对沙丘鹤降落在他们土地上的沼泽地里。2000 年，又有一对鹤在附近另一片湿地筑巢。2019 年 12 月的傍晚，我从棚屋沿河上行，看到了成千上万只鹤。它们白天在周围的农田里觅食，夜晚来临时呱呱鸣叫，陆续向河边飞去。每年秋天，沙丘鹤会在棚屋周围停留几个星期，为即将到来的艰苦迁徙养精蓄锐。几天之内，这些鸟儿就继续南迁，经过芝加哥上空，然后飞往印第安纳州北部。利奥波德讴歌过这些鸟儿的祖先。当它们在威斯康星河上盘旋、双腿悬空准备降落时，羽毛在夕阳下发出火橙色的光芒。这的确会让人觉得它们高贵。

沙丘鹤只是全世界十五种鹤之一，而关注所有十五种鹤的国际鹤类基金会办公室距离利奥波德的棚屋只有五英里。这家基金会是非洲黑冕鹤和灰冕鹤的家，它们的冠冕上有尖尖的金色羽毛；也是南亚和澳大利亚赤颈鹤的家，它们是全世界飞得最高的鸟类；还是白鹤的家，它们在中国受到湿地开发和偷猎的严重威胁，与一个世纪前沙丘鹤濒临灭亡的原因相同。我第一次参观鹤类基金会时，一只高大的赤颈鹤像猫一样打着呼噜，俯身保护刚出生的雏鸟。

这家基金会是两名年轻的康奈尔大学毕业生于 1973 年创立的，它与中国、柬埔寨、印度、南非、赞比亚和其他地方的伙伴合作，保护和恢复鹤的栖息地，也开展鹤的重新引入。在很大程度上，鹤类基金会的国际视野归功于利奥波德。利奥波德在晚年时告诫道：保护运动要警惕地方主义。他于 1944 年写道："即将到来的世界工业化，意味着过去许多地方性保护问题很快就会变成全球性问题。"但是，如果没有英国生物学家朱利安·赫胥黎（Julian Huxley）的远见卓识，鹤类基金会的工作根本不可能实现。在赫胥黎的帮助下，物种保护工作成为国际运动。

第五章

教授与生命灵药

"亲爱的爷爷，"1892年，四岁的朱利安·赫胥黎写道，"你见过水孩子吗？你把它放在瓶子里了吗？它会想知道自己能不能出来吗？以后我还能看到它吗？"

　　朱利安显然受到古怪的经典儿童作品《水孩子》[1]的启发。这则童话故事语带双关，也是关于进化论的寓言。朱利安的祖父是英国著名动物学家托马斯·亨利·赫胥黎（Thomas Henry Huxley），查尔斯·达尔文自然选择进化论的早期捍卫者。老赫胥黎与几位同时代的人一起出现在《水孩子》一书的漫画中。"他们非常睿智；他们所说的每个字，你都必须恭敬聆听，"作者查尔斯·金斯利（Charles Kingsley）对年轻读者说，"但是，如果他们说'那不可能存

1　《水孩子》是19世纪一部著名的英国儿童文学读物。书中讲到一个扫烟囱的小男孩汤姆，失足落入庄园卧室，又被当作窃贼追赶，落入水中，变成一个身材小巧、不死的、两栖的水孩子。他在水中生活，同水中的各种动物打交道，看到了自己之前看不到但一直生活在水中的其他水孩子。后来，汤姆同其他水孩子一起来到神奇的圣·布兰登岛，又游历了许多奇怪的国度，碰见过奇怪的人们和海洋生物的造物主，自己也成长为一个热爱真理、正直、勇敢的人。作者金斯利是一位自然博物学者，也是一位牧师，他深深地为《物种起源》所吸引，但也感受到进化论思想与基督教创始哲学的冲突，便试图借《水孩子》的写作，回应自然和宗教之间。

在，那是违反自然的'——虽然我肯定他们永远不会这么说——你必须等一会儿再看看；因为他们也可能是错的。"

显然，对于祖父出现在自己最喜欢的书中，年轻的朱利安并不感到惊讶，他好奇的是书中描述的两栖人类。老赫胥黎的绰号是"达尔文的斗牛犬"，素以凶猛的公开辩论著称，但他对长孙非常友善，以温柔和尊重的态度回答了朱利安的询问：

我亲爱的朱利安——我并不了解那个水孩子。

我见过水里的婴儿和瓶子里的婴儿；但水里的婴儿不在瓶子里，瓶子里的婴儿也不在水里。写《水孩子》故事的朋友是位非常善良的人，也非常聪明。也许他认为我可以像他一样从水中看到很多东西——可哪怕是同样的事物，总是有些人能看到很多东西，有些人却看不到什么。

当你长大后，我敢说你会成为伟大的预言家之一，在其他人看不到东西的地方，看到比水孩子更美妙的东西。

朱利安当时已经对动植物着迷，他很可能读过并记住了《水孩子》中另一个惆怅的故事：一只黑白大鸟孤独地站在北大西洋的岩石上，主人公汤姆与她相遇。"她是一位非常

"我并不了解那个水孩子"：1885 年版《水孩子》插图中的理查德·欧文（Richard Owen）和托马斯·亨利·赫胥黎。

古老的女士，身高足有三英尺，腰板挺直，像是年长的高地女酋长。"《水孩子》的作者金斯利写道。

那只鸟是大海雀[1]，金斯利给她起名"盖尔福"（Gairfowl）。"我们曾经是遍布北岛的伟大民族，"盖尔福告诉汤姆，"但是人们向我们开枪，敲打我们的头，拿走我们的蛋。为什么？你敢相信吗？人们说，在拉布拉多海岸，水手们在岩石上铺设木板，架到他们称作船的东西上，然后把我们赶上木板，成百上千地赶，直到我们成堆地滚落到船腹中。然后，我想，他们吃了我们，这些可恶的家伙！"

金斯利的《水孩子》首次出版于 1863 年，但两年前鸟类学家阿尔弗雷德·牛顿就已经悲痛地宣布，大海雀已经

1　鸽形目海雀科大海雀属，是体形巨大的大型游禽，外形略似企鹅。头部两侧、翅膀、后背为黑色，胸腹为白色。以捕食鱼类为生。翅膀已退化，不会飞行，行走缓慢，且在栖息地天敌很少，不怕人类。在 19 世纪早期遭到大量捕杀，已灭绝。

是"如烟往事"。当年轻的赫胥黎遇到水孩子时，大海雀已经消失了四十年。

朱利安·赫胥黎将延续幼年时对其他物种的好奇心，开启自己的职业生涯。他的一生如此多彩，连传记作者都难以把握。他是一位科学家、一位公共知识分子、一位国际政治家，有时身兼三职。在许多方面，他也是老牌的精英——"他是维多利亚时代的思想家，却生在凉薄的现代"。不过，正如他祖父的预言，朱利安是伟大事物的预言家，他预见到未来的保护运动将超越国界。

朱利安·赫胥黎出生于 1887 年夏天，正值维多利亚女王登基五十周年庆典之际。他只比奥尔多·利奥波德小六个月，但两人的成长环境迥异。朱利安出身于浸淫生命研究的家庭，不是在北美的边疆，而是在不断扩张的大英帝国的中心。

他的祖父老赫胥黎是一位校长的儿子，凭借才智、魅力和令人敬畏的工作态度打破阶级壁垒，晋身英国知识精英阶层。二十一岁时，刚从医学院毕业的老赫胥黎争取到皇家海军的一席之地。1846 年 12 月，他担任助理外科医生，随"响尾蛇"号护卫舰驶向南太平洋。航行历时四年，船员们考察了澳大利亚的东海岸、托雷斯海峡和新几内亚的南海岸。忙完医生的工作，赫胥黎便从事自然史研究，把显微镜绑在长椅上，在狭小的船舱里研究软体动物和海葵。他对周围陌生的世界深感惊奇。"响尾蛇"号有一次驶过磷光石斑鱼群，赫胥黎回忆说："她在这群微型火柱之间，漂流了一个又一个小时。目光所及之处皆是柔和的蓝光，在黑暗的海面上闪烁，光线时而减弱，时而变亮。"

返回伦敦后，赫胥黎着手开创自己的科学事业。这在当时并非易事，因为大多数"科学人士"都要依靠家族财富或另一份工作来资助研究。通过"响尾蛇"号上的研究，赫胥黎厘清了无脊椎动物分类学的一处困惑，后来继续开展动物生理学的开拓性研究。赫胥黎希望并最终赢得了尊重，不过他发现自己最大的天赋在于交流。他在讲台上的形象令人折服。赫胥黎家族的传记作者罗纳德·克拉克（Ronald Clark）生动地描述过，赫胥黎留着黑色长发，"表情严肃而热诚，黑眼睛如同斯文加利，嘴唇饱满"。科幻作家 H. G. 威尔斯（H. G. Wells）学生时代听过赫胥黎讲课，几十年后回忆说："事后回想，你才猛然意识到，那个安静悠闲的声音说了多少东西，那么迅速地谈到了话题的方方面面。"赫胥黎特意面向工人阶级听众进行演讲，很快收获了一大批听众。据说，出租车司机不收他的车费，邮差会保存他的信封，向家人夸耀他的笔迹。

1859 年 12 月，伦敦《泰晤士报》给赫胥黎寄来一本查尔斯·达尔文的新书，要求他详细评述。赫胥黎认识达尔文，他俩是同事，也是朋友。他知道，从乘坐小猎犬号出海起的二十五年来，达尔文一直在思考物种是如何形成、是否变化以及如何变化的。达尔文的祖父伊拉斯谟，还有其他博物学家都想知道，新物种是否会从旧物种中演化而来。不过当时大多数欧美人士仍然认为，物种是上帝恒久不变的创造物，而人类是凌驾于所有物种之上的特殊物种。

达尔文在加拉帕戈斯群岛观察鸟类，在英国的家中饲养鸽子、栽种白菜，通过一手观察，他确信物种恒久不变的信念是虚假的。他意识到，个体的微小差异使群体中的一些成员生存得更久，产生更多的后代，并将优势传递给下一代。经过几百上千代的选择和继承，新的生命种类由此产生，轮番努力地"占据自然经济的每个角落"。

达尔文，一位富有的"科学人士"，性情谨慎而隐忍，多年来一直没有公布这个爆炸性的发现。1844 年，他战战兢兢地向密友、著名植物学家约瑟夫·胡克（Joseph Hooker）倾诉道："我几乎确信，物种不是不可改变的。这与我起初的观点截然相反，承认这一点几乎像承认谋杀一样艰难。"年轻的探险家阿尔弗雷德·拉塞尔·华莱士（Alfred Russel Wallace）给达尔文寄来一份自己的文稿，提出与达尔文惊人相似的观点，这才促使达尔文决定发表自己的理论。1858 年，林奈学会在一次会议上同时介绍达尔文的进化论和华莱士的理论。第二年，达尔文出版新书《物种起源》，第一次公开阐述该理论。

老赫胥黎看到《物种起源》，如获至宝。他后来表示，这本书就像"一道闪电，为黑夜中迷路的人猛然照亮道路，不管这条路能否带他回家，他肯定会走上去"。不过，他的第一反应可没有那么诗意："我怎么没想到这个，真是太蠢了！"

《物种起源》只是隐晦地提到人类的进化，达尔文的原话是，"光亮将照进人类的起源和历史"。但赫胥黎立即意识到，这本书挑战了基督教中人类主宰的信仰，需要强有力的辩护人。"如果我没想错的话，很多的辱骂和诽谤已经为您准备好了。希望您不要为此而感到任何厌恶和烦扰，"他在给达尔文的信中补充说，"我正在磨利我的爪和牙准备进行战斗。"

这本书确实引起了轩然大波，赫胥黎也适时崭露锋芒。1860年夏天，赫胥黎在牛津大学与主教塞缪尔·威尔伯福斯（Samuel Wilberforce）辩论。当时，达尔文本人因为腹痛没能出席，赫胥黎代为答辩，他机锋敏锐，一战成名。威尔伯福斯比赫胥黎年长二十岁，人称"肥皂水山姆"（Soapy Sam），素以口才娴熟闻名。数百位男女专程来听他侃侃而谈，否定"我们与蘑菇之间未被发现的表亲关系"。"物种当然是固定的实体，人类毋庸置疑是特殊的。"他言之凿凿。

按现场目击者的详细描述，主教在演讲最后转向赫胥黎，问他对猴子祖先有何特别的偏爱，偏爱哪方？希望祖父是猿猴、祖母是女人，还是祖父是男人、祖母是猿猴？

这样的人身攻击，特别是牵连到女士，显然非常不妥。赫胥黎知道，尽管威尔伯福斯雄辩滔滔，却露出了破绽。赫胥黎后来向一位朋友复述道："我说，要是有人问我，我是愿意让一只可怜的猿猴当祖父，还是愿意让一位天赋异禀、拥有巨大财力和影响力的人当祖父。如果他拥有这些能力和影响力，仅仅是为了在严肃的科学讨论中嘲弄他人，那么我将毫不犹豫地确认，我更愿意让猿猴当祖父。"赫胥黎满意地回应说，这一反驳赢得了"人们经久不息的笑声"。

赫胥黎及其盟友继续为进化论辩护，带着胜利离开牛津大学。"我越来越明白，"感激不已的达尔文事后给赫胥黎写信道，"没有你的声援，我的书绝对不会有任何影响。"

"达尔文的斗牛犬"在修辞上赢得干脆利落。然而，无论是赫胥黎还是进化论本身，都无法回答威尔伯福斯更深层次的问题：如果人类与其他生命没有天壤之别，那人类到底是什么？达尔文让维多利亚时代的同胞陷入困境，在蘑菇和神明之间摇摆不定，许多人从未原谅过他或赫胥黎。1895年，赫胥黎临终时，许多素不相识的陌生人来信诅咒赫胥黎下地狱。信件络绎不绝，赫胥黎的女儿不得不加以拦截。

对于存在的不确定性，赫胥黎并没有感到困扰，反而趣味盎然。他素来是宗教怀疑论者，在长子三岁死于猩红热后，便永远失去了信仰。后来他创造了"不可知论者"一词，描述他对神的态度。赫胥黎说，他将只遵循自己的理性，因为科学既不能证明上帝存在，也不能证明上帝不存在，所以他将保持付之阙如的态度。"人类所有问题的母题，就是确定人在自然界中的地位及其与宇宙万物的关系，"他曾经思考过，"这是所有问题的基础，比任何问题都更有意义。"

智人在其他生物中的位置，这个问题之所以复杂，不仅因为达尔文的进化论，还因为达尔文平静地承认其他物种"由于人类的作用遭到局部或全部灭绝"。达尔文确信物种灭绝不值得大惊小怪，但人类造成的灭绝激发了维多利亚时代的想象力。先是查尔斯·金斯利在《水孩子》中纪念大海雀，两年后刘易斯·卡罗尔（Lewis Carroll）在《爱丽丝梦游仙境》中把自己想象成一只渡渡鸟。博物学者开始疯狂地寻找渡渡鸟的遗骸，当时这个物种已经灭绝了将近两百年，有些人怀疑它根本就没有存在过。

人类并不像自己相信的那样强大，但人类的力量足以灭绝其他物种。这两个发现是对人类社会的重大冲击，不仅影响英国本土，还波及世界各地。老赫胥黎帮助实施了第一个冲击，他的孙子朱利安将面对双重冲击的连锁反应。

朱利安四岁时，不顾祖父的禁令，踏进潮湿的草坪。老赫胥黎被逗乐了，看出孙子也是个反叛者。"我喜欢那个小家伙！"他说，"我喜欢他直视着你的眼睛又不听你话的样子！"

朱利安继承了赫胥黎家族的典型特征：身形如鸟，好奇心旺盛，漠视权威，脾气暴躁（朱利安五十多岁时，《生活》杂志形容他是"长相出众、骨瘦如柴的学者，看起来很平和，但脾气一上来就大发雷霆或锋芒毕露"）。老赫胥黎仍然是这个家族里最出名的，不过他的多数后裔也都出类拔萃，卓尔不群。家族成员的身份也意味着期望。"你要嫁入一个伟大的无神论家族，"一位年长的姑姑曾对未过门的姑娘说，"我知道你现在是无神论者，但你至死不渝吗？"

1909 年夏天，朱利安在牛津大学完成动物学的本科学习，参加了达尔文一百周年诞辰和《物种起源》出版五十周年的庆祝活动。他的祖母亨丽埃塔·赫胥黎（Henrietta Huxley）和约瑟夫·胡克并排坐在主席台上。亨丽埃塔八十四岁仍每周阅读《自然》杂志，而胡克是老赫胥黎为达尔文辩护时最亲密的盟友之一。朱利安后来回忆道，听完庆祝活动的致辞，他"比以往任何时候都更充分地认识到，达尔文的进化论已经成为具有解放意义的伟大科学概念，将人类从压抑的神话和教条中解救出来"。他决定，自己所有的工作"都将以达尔文的精神来进行"。在未来的几十年里，进化论不仅指导他的研究，还将指引他的生活哲学。

朱利安的成年之路并不容易。1908 年，母亲朱莉娅因癌症去世，享年四十六岁，朱利安田园诗般的青春宣告结束。"离开你们大家是非常艰难的，"她在给朱利安的离别信中写道，"但经过这几周的安静思考，我知道所有的生命都是一体的，我只是进入了另一个空间。"朱利安深受打击，而他最小的弟弟、当时只有十四岁的奥尔德斯，更是如此。雪上加霜的是，奥尔德斯因眼睛感染失明了十八个月，导致严重的近视，被迫弃医从文。他创作的反乌托邦小说《美丽新世界》于1932年出版，当即洛阳纸贵，今天仍被视为经典。奥尔德斯也因此成为赫胥黎家族第三代中最为出名的。

离开牛津后，朱利安四处寻找方向。他在意大利那不勒斯的动物学研究站工作了一年，那是全球最古老的海洋研究实验室之一。他申请加入罗伯特·斯科特（Robert Scott）灾难性的南极探险队[1]，但未获批。1912年夏天，他回到牛津大学，担任报酬微薄的讲师。就在这时，得克萨斯州新成立的莱斯学院生物系邀请他出任系主任。

对年轻的生物学家来说，这是个激动人心的机会，而他险些错过。1913年，朱利安情场失意，患上赫胥黎家族遗传的抑郁症，不得不住院治疗一段时间。1914年，在莱斯学院工作一年后，他再次被抑郁症击倒，返回英国疗养康复。他

1 罗伯特·斯科特，英国海军军官和极地探险家。斯科特组建探险队欲成为第一个踏上南极点的人，但当五人探险队于1912年1月18日到达南极点时，发现阿蒙森比他们早到了一个月。在返回南极洲边缘的路途上，探险队遭遇极强的寒冷低温，五人均遇难。后来人们在南极点设立阿蒙森－斯科特站，以纪念斯科特和阿蒙森对南极点的勇敢竞逐。

入住的正是弟弟特雷弗接受抑郁症治疗的医院。朱利安病情好转，出院仅仅几天，特雷弗在附近的树林里上吊自杀。特雷弗的死，对同胞兄妹的余生影响极大。

伤心之余，朱利安回到得克萨斯州，从其他物种中寻找慰藉。他看到自己生命中的第一只蜂鸟，在休斯敦一朵石蒜上盘旋；还有自己生命中的第一只剪尾王霸鹟，长着灰色和粉色的优雅叉尾。在大学放假期间，他去参观路易斯安那州的艾弗里岛。塔巴斯科辣椒酱大亨爱德华·麦克伦尼（Edward McIlhenny）在岛上建立私人自然保护区，引进了十几只雪鹭。艾弗里岛以前是糖料种植园，当时已经吸引了成千上万的鸟类。朱利安忍着蚊子的叮咬，观察鸟类行为。他观察到一对雪鹭在求偶炫耀，争相展示轻纱般的羽毛，而这些羽毛当时仍在高价售卖，用作帽子的装饰品。

朱利安有一辆福特 T 型车，"一台英勇的小机器"。一有时间，他就驱车穿越得克萨斯平原，惊叹北美幅员之辽阔。他说，在美国的时光让他意识到，"在自己国家中习以为常的制度和想法，都并非不可避免或恒久不衰"。

在朱利安认识到更广阔世界的同时，欧洲和北美的保护主义者也在扩大他们的野心，寻求保护自己大陆以外的物种。早期的国际保护工作，绝大多数是殖民权力的延伸，目的是保护海外经济利益。1657 年，荷兰在南部非洲制定猎物保护法；在 19 世纪，英国实施了一系列狩猎法规。

跟进入蒙大拿领地的威廉·霍纳迪一样，许多在非洲工作的欧洲保护主义者认为，猎物数量下降的罪魁祸首是自给型猎人。其他人则认为，责任在于殖民者。然而，不可否认的是，欧洲带来的枪支和铁路加剧了商业狩猎，尤其是为利润丰厚的象牙贸易提供了条件。19 世纪 80 年代，英国和其他殖民国家进入非洲东部和中部时，象牙猎人紧随其后。尽管非洲统治者努力限制屠戮，猎人还是杀死了成千上万头大象。1900 年，欧洲列强担忧象牙贸易的前景，签署了一项协议，保护"对人类有益或对人类无害"的非洲动物（实际上，该公约鼓励猎杀鬣狗、狮子、水獭以及签署国认为有害的物种）。

该公约从未生效，但它刺激有保护意识的欧洲人采取更多的实质性行动。英国贵族爱德华·诺斯·巴克斯顿（Edward North Buxton），也是大型动物猎人，曾在英格兰为公众争取进入森林的权利。1903 年，他组织社会和科学界知名人士支持 1900 年公约的目标。该组织自称帝国野生动物保护协会，与布恩和克罗克特俱乐部一样，利用集体政治影响力保护协会成员喜爱的猎物。英国媒体嘲笑他们是一群"忏悔的屠夫"，协会成员起初抵制这一绰号，不过最终还是接受了。这个组织经受住嘲笑，以更谦逊的名字"国际动植物学会"活跃至今。

与此同时，欧洲鸟类保护协会开始呼吁在欧洲本土也开展国际物种保护。1902年，几个欧洲国家签署了第一个类似的条约，不过仅限于保护"有用的鸟类"。跟1900年的公约一样，该条约的主要成就是唤醒自满的欧洲保护主义者。八年后，在奥地利举行的国际动物学会议上，瑞士保护主义者保罗·萨拉辛（Paul Sarasin）总结自己对全球保护的看法："如果所有能意识到危险的人都不用尽全力来反抗，那么我们星球上所有的高等野生动物群将注定彻底毁灭。"

萨拉辛是工业大亨之子，以东南亚科学探险闻名欧洲。1913年，他说服瑞士政府主办国际保护大会。十七个国家派代表出席会议，一致同意采取初步措施，成立政府间保护组织。就在萨拉辛发布后续会议的邀请时，第一次世界大战爆发，该项目戛然而止。

朱利安在得克萨斯州一直待到1916年，当时他自觉有义务参加战争，于是返回英国，到情报部队服役。被派往意大利前不久，他到奥托林·莫雷尔夫人（Lady Ottoline Morrell）家拜访奥尔德斯。奥托林夫人是布鲁姆斯伯里作家和艺术家圈子的核心人物。在那里，他遇到奥托林夫人家中年轻的瑞士家庭教师朱丽叶·贝洛（Juliette Baillot）。朱丽叶在瑞士度过无忧无虑的童年，来到英国后，对布鲁姆斯伯里的波希米亚风格既感震惊又兴趣盎然。几十年后，她在回忆录里说，她对朱利安的第一印象不怎么好："他缺乏奥尔德斯的沉思之美，脑袋很长，脸也稚嫩。"然而，两人开始通信，在信中坦诚以待。朱丽叶谈到自己在英国的孤独，而朱利安谈到自己的崩溃和康复。从意大利回国后，朱利安几乎立即向她求婚，1919年两人成婚。

他们的婚姻注定不会平静。朱利安继续忍受抑郁症的折磨。朱丽叶说病痛消耗了他的雄心壮志，朱利安往往"不耐烦打扰或反驳，甚至不待见其他人的存在"。朱利安有过几次外遇，包括与诗人梅·萨顿（May Sarton）的短暂恋情，但萨顿当即爱上朱丽叶，两人开始了持续数十年的激情通信。好在朱利安和朱丽叶都对世界感到好奇，在情绪稳定的情况下，朱利安是举世无双的非凡伴侣。"朱利安有内视的天赋，能发现草丛和树木中隐藏的宝藏，知道一切事物的名称，"朱丽叶回忆说，"植物和鸟类，河流和村庄，这些他了解的事物，也变成了他自己的。"

这对夫妇搬到牛津后，朱利安又遭受了一次精神崩溃，之后继续研究动物的发育和行为。几个月内，朱利安观察到，从哺乳动物的甲状腺中提取的激素可以诱导墨西哥钝口螈[1]的蜕变。墨西哥钝口螈是一种墨西哥蝾螈，通常性成熟

---

1 俗称六角恐龙，是两栖类动物，因其独特的外貌及幼体性成熟而著名。

后仍保持幼体形态。1920 年 1 月，朱利安将研究结果向《自然》杂志投稿。媒体立即认定，他是赫胥黎家族的新天才，宣称"我们最杰出的年轻生物学家之一"发现了"生命的灵药"。

当然，朱利安根本没发现什么灵药——后来他自己也得知，他甚至不是第一个做变形实验的。朱利安给《每日邮报》的专栏撰稿，纠正错误报道，结果发现自己有向公众解释科学的家族基因。在接下来的几年里，他开始发表科普文章。朱利安的许多同事本就认为他不务正业，浪费才华，这第二职业更让他们气愤。"看在上帝的分上，赶紧确定你到底专研生物学的哪个分支。"1925 年，剑桥大学动物学家乔治·比德（George Bidder）写信提醒他。

像他祖父一样，朱利安最终放弃了研究，转为向更广大的受众解读研究结果。1926 年，他与 H. G. 威尔斯密切合作，出版科普丛书《生命的科学》。这套百科全书式的丛书包罗万象，大受欢迎。随后，朱利安和朱丽叶到肯尼亚和乌干达待了三个月，代表英国政府调查殖民地的科学教育状况。在乌干达边境，赫胥黎夫妇爬上维龙加火山的山坡，穿过巨大的欧芹丛和悬垂的兰花幕，寻找山地大猩猩的踪迹。回到英国后，朱利安执导了一部纪录短片，到威尔士海岸外的岩石岛上拍摄燕鸥群，还获得了奥斯卡奖。1935 年，他出任伦敦动物园园长，要把动物园变成"大众关注动物和动物生活的中心和焦点"。

赫胥黎一家住在动物园里，他的大儿子安东尼成为"英国唯一被冲锋陷阵的犀牛撞倒的骑士"。第二次世界大战爆发后，动物园杀死毒蛇和蜘蛛，以免这些动物逃逸，但许多大型动物仍然留在伦敦，朱利安也是，大部分时间待在伦敦。德国人空袭伦敦时，动物园被炸毁。有一次，朱利安一个人在黑漆漆的城市街道上追赶一匹斑马。他后来跟动物园管理员坦白，他不敢接近这只陷入绝境的动物。管理员回答说："哦，不必担心，先生。斑马会咬人，但不会踢人。"

朱利安还抽空研究动物对轰炸的反应，发现动物们受到的干扰似乎比自己预想中的要轻。然而，对他在动物园任期内的作为，人们褒贬不一。一些董事对朱利安力推的研究和公共教育举措不以为然，他们更愿意关注"展示我们的野生动物"。1942 年，朱利安在美国巡回演讲时，动物园取消了他的职位。

那些年里，朱利安也是《大脑信托》(*The Brains Trust*)的常客。这个广播节目成了英国战时生活的试金石。听众，包括军人，提出各种问题，由朱利安和其他学者进行解答：苍蝇如何降落到天花板上；袋鼠如何清理育儿袋；一群女学生问为什么要学代数；一位老师问学者们如何定义仇恨。一位来自格拉斯哥的听众问学者们最希望在荧幕上看到哪个小说人物，朱利安提名堂吉诃德。

八十多岁时，朱利安惊讶自己一辈子的不安分。"我似乎被魔鬼附身，"他写道，"驱使我投身每一种活动，而没耐心完成我已经开始的任何事情。"然而，他看似零碎的职业生涯，始终由一个问题所引导，那就是他祖父提出的关于人类与其他生命关系的"问题的母题"。他不仅要回答问题，还有着改变答案的雄心。

晚年时，老赫胥黎曾对那些提议干涉人类进化过程的人挥舞锋利的爪牙。他写道："单凭人类并无希望拥有足够的智慧来选择最适生存者。"虽然朱利安爱戴祖父，但在这一点上，他正视老赫胥黎的观点，不予同意。

提出"适者生存"这个短语的并非达尔文，而是英国哲学家赫伯特·斯宾塞（Herbert Spencer）。斯宾塞和达尔文是同时代人，斯宾塞略为年轻。两人都深受教士和学者托马斯·罗伯特·马尔萨斯（Thomas Robert Malthus）的影响。18世纪末，马尔萨斯观察到"所有生物都有不断增加的趋势，直到超出营养供应的限度"。马尔萨斯认为，在不受控制的情况下，许多物种的数量呈指数级增长，人类概莫能外；如果不对繁殖进行"预防性控制"，那么"困苦"就会限制人口，通常表现为饥荒。

马尔萨斯认为生命是对有限资源的竞争，斯宾塞据此提出，"最不适应"社会者的痛苦将使人类得到"最终完善"。"无能汉的贫穷，冒失鬼的痛苦，无所事事者的饥饿，以及强者对弱者的压制……均系具有远见卓识之仁慈法令。"斯宾塞于 19 世纪中期写道。

马尔萨斯的思想也是达尔文进化论的基础，但达尔文明白，对于任何种群——无论是人类还是其他物种——自然选择没有确定之方向，并无改善人类之目的。[20 世纪 90 年代，古生物学家斯蒂芬·杰·古尔德（Stephen Jay Gould）将进化论比作"醉汉走路"，令人过目不忘[1]。] 然而，斯宾塞通过选择完善社会的观点演变成"社会达尔文主义"，其五花八门的变种得到一些达尔文信徒的拥护。创造"生态学"一词的德国动物学家恩斯特·海克尔将人类分为十二个物种，其中高加索人"最为发达和完美"。他相信，这些"物种"正在为生存而相互竞争，争夺生命顶点的一席之地，就像他对进化树的艺术渲染一样。随着德国民族主义的兴起，海克尔开始相信，国家之间也在为统治地位而斗争，适应的国家将打败不适应的国家。

弗朗西斯·高尔顿（Francis Galton）是达尔文的表亲，钻研过地理学、气象学和法医学。19 世纪末，高尔顿笃定

1　斯蒂芬·杰·古尔德，世界著名的进化论科学家、古生物学家、科学史学家和科学散文作家。"醉汉走路"是说：一个烂醉如泥的人从酒吧走出来，站在酒吧前面的人行道上，一边是墙壁，一边是排水沟。如果给他足够的时间，随机蹒跚前进，结果是他一定会掉进排水沟。生命的历史如果可以一再重复，先从左墙开始，随着分化而扩张，几乎每次都可以到达右尾端；但是这个区域所住的复杂生物，每次都不会大不相同。绝大多数的重演，在地球有生之年，都不可能产生有自我意识的生物。现代之所以有人类，纯粹是凭机运，靠的不是无可避免的方向性或是进化的机制。

可以通过操纵人类的繁殖——控制谁繁殖，与谁繁殖——来加速人类完善的过程。"大自然盲目、缓慢且无情进行之事，人类可以做得更有预见、快速且善意，"高尔顿写道，"在我看来，改进我们的族群是能够合理尝试的至高目标之一。"高尔顿称自己的提议为优生学，来自希腊语的"出身名门"。

在 19 世纪末和 20 世纪初，不仅是麦迪逊·格兰特之类的种族主义者，就连吉福德·平肖和生殖权利先驱玛格丽特·桑格（Margaret Sanger）[1] 这样杰出的社会改革者，都采纳了高尔顿的思想。优生主义者支持的政策和动机多种多样：部分人仅限于劝导措施（为"更合适的家庭"提供奖励），而另一部分人支持严厉的政策（对有智力障碍或犯罪记录的人进行强制绝育）。然而，他们团结一致，因为均过于信奉遗传的影响，也都对自己挑选值得繁衍的家庭的能力过度自信。斯宾塞的"适者生存"，本意是最适合某种情形，不一定是优越的，但那些势利眼借口优生学是最先进的，抹平了这种微妙的区别。"我非常希望能够彻底阻止错误的人参与繁殖。"1914 年，西奥多·罗斯福感叹道。

作为进化生物学家，朱利安知道命运并非仅由遗传决定，他谴责了一些优生主义者的种族主义目标。第三帝国将"种族改良"的概念推向可怕的逻辑极端。1934 年，希特勒的副手鲁道夫·赫斯（Rudolf Hess）宣称："国家社会主义

1　玛格丽特·桑格，美国计划生育运动创始人、计划生育运动的国际领袖。

不过是应用生物学。"对此，朱利安协助联合国发布了两份影响很大的声明，驳斥种族优越性是伪科学。

与此同时，朱利安也不是平等主义者。他认为，人类已经进化到可以控制其自身进化的地步，于是他有意识地提高人类在老赫胥黎所说的"宇宙万物"中的地位。在朱利安看来，这种"进化人文主义"哲学是一种世俗宗教，可以替代达尔文所动摇的基督教信仰。他也正是遵照这种哲学，同时接受人道主义的目标和专制主义的手段。当时，美国三十多个州通过法律，对大约六万人进行"优生"绝育，其中许多是残疾人或精神病人。作为英国优生学会的干将，朱利安拥护这项法律。他呼吁建立"一个平等的环境"，改善穷人的营养和教育。他很早就主张扩大生育控制，却担心如果允许自主选择，"不可教化之徒"就不会采用。

朱利安坚信，社会应由科学提供信息、受科学家管理，但不承想科学家和其他人一样，也会滥用不受约束的权力。老赫胥黎本可以提醒自己的孙子，专家管理的社会之好坏，取决于普罗大众能否选择正确的专家，而这种能力甚为可疑。1934 年，在赫斯利用科学为国家社会主义辩护时，朱利安出版了《假如我是独裁者》一书，描绘他心目中的理想政权。此书不完全是玩笑挖苦。朱利安偏爱中央集权，奥尔德斯·赫胥黎虽然跟兄弟亲密无间，却对中央集权毫无兴趣。奥尔德斯有一次跟朋友谈起朱利安在美国的访问："他在美国各地演讲，不遗余力，与无数人讨论未来社会的蓝图。我不得不说，他的文章和信件中，充斥着大量阴暗的预兆。"

在朱利安·赫胥黎谋划改善人类的同时，保护主义者也朝着保罗·萨拉辛的全球保护愿景逐步迈进。在两次世界大战之间，奥杜邦学会主席吉尔伯特·皮尔森——后来成为罗莎莉·埃奇的死敌——与欧洲同事合作创建了国际鸟类保护委员会。该委员会后来改名为国际鸟盟，持续运转至今日。捕鲸业每年捕杀数万头鲸，不加节制，因此保护人士呼吁限制捕鲸，并促成了第一个国际捕鲸公约。

几十年来，吉福德·平肖一直缠着美国总统，陈述国际保护的重要性。在 20 世纪 30 年代，平肖找到了盟友——西奥多·罗斯福的远房表亲富兰克林·罗斯福总统。第二位罗斯福致信国务卿科德尔·赫尔道："再次重申，我越来越坚信，保护是永久和平的基础。"在第二次世界大战期间，罗斯福向平肖承诺，一旦实现和平，他将召开国际保护会议。然而，罗斯福于 1945 年辞世。五个月后，战争结束；一年半后，平肖溘然长逝，享年八十一岁。

经历连绵的战火硝烟，许多人意识到，世界变得更小，联系更加紧密。"全球"一词出现愈加频繁，尽管语义有些模糊。曾经争夺殖民领地的国家，开始竞相部署新技术，在全球扩大市场。国家之间的相互影响日益彰显。保护主义者对生态关系保持警惕，全球经济增长的影响让他们既担忧又振奋。第二次世界大战之后，优生学运动声名狼藉，但马尔萨斯的世界观仍幸存于保护运动，而朱利安将再次与之狭路相逢。

1948 年，费尔菲尔德·奥斯本出版《我们被掠夺的星球》（*Our Plundered Planet*）一书，就人口增长给土壤、水和物种带来的危险，发出慷慨激昂的警告。他父亲亨利·费尔菲尔德·奥斯本曾与麦迪逊·格兰特共同创办纽约动物学会。和老奥斯本一样，小奥斯本也是纽约动物学会的领导人，但他拒绝了父亲的偏见。"对国家和种族的憎恶，对'优等'和'劣等'种族的狂热，不能建立在生物学的基础上。"他写道。小奥斯本用地球面临的危险代替种族面临的危险，即便如此，他还是呼应了老奥斯本对"巨量人口"的恐惧。那些受生殖冲动支配的暴民，眼下遥远，却不断迫近。

同年还出版了一本颇有影响力的书：威廉·沃格特（William Vogt）的《生存之路》（*The Road to Survival*）。这本书走得更远。沃格特成长于当时还属农村的纽约长岛，十几岁时因小儿麻痹瘫痪过，因此萌发对户外故事的热爱。他在大学里学习法国文学，毕业后到纽约市做自由剧评人。在纽约市里，他对鸟类的兴趣日益增长。许多鸟类学者曾经指点过罗莎莉·埃奇，但最终跟埃奇发生冲突；沃格特与这些学者不谋而合。他对其他物种的关注，变得非常急切。奥杜邦学会曾聘他编辑杂志，沃格特趁机用环境破坏报告替代自然颂歌。这在学会内部引起了轩然大波，最终沃格特被解雇。探险家和鸟类学家罗伯特·库什曼·墨菲曾在奥杜邦年会上捍卫埃奇的发言权，现在再次伸出援手，介绍沃格特到秘鲁研究海鸟。1939 年，沃格特启程前往南美时，带了一本《猎物管理》，他的朋友兼导师奥尔多·利奥波德几年前出版的教科书。

沃格特受雇于一家秘鲁公司，研究鸟粪岛上的鸟类种群。岛上厚厚的鸟粪层被开采用作肥料，利润丰厚。这些近海岩石岛屿贫瘠荒凉，裸露的岩石散发着恶臭的气味。沃格特接受了它们的严酷之美，投身于研究之中。经过三年殚精竭虑的观察，他发现洋流变化导致浮游生物和凤尾鱼的数量短暂下降，迫使数百万只鸟类离开岛屿寻找食物。"鸟粪岛上的鸟类数量断崖式下降。"1939 年夏天，沃格特致信利奥波德道。其后果摄人心魄，让沃格特难以忘怀：数十万只海鸟的雏鸟被它们饥饿的父母遗弃，缩成"可怜的、虚脱的毛团"。

20 世纪 40 年代中期，沃格特出任泛美联盟保护部门的负责人。他在拉丁美洲穿梭旅行，对森林和农田的大面积退化感到震惊。他愈加确信，随着人口的增长，这种"土地病"——他和利奥波德谈话时使用的短语——只会恶化。他预测，一旦人们耗尽资源，就会像海鸟的雏鸟一样挨饿，这将是无法控制的灾难。"墨西哥或南斯拉夫水土流失的小山坡，影响到美国人民的生活水平和生存概率，"他在《生存之路》中警告说，"我们形成了地球共同体，印第安纳州的农民和非洲班图人的命运，不再相互隔绝。"

在沃格特看来，眼前这场危机的受害者，同时也是加害者。他指责印度和中国"生育数百万"，批评波多黎各人"不负责任地肆意生育"。沃格特后来担任计划生育项目的负责人，强调节育和绝育应该自愿，却对贫困国家采取斯宾塞式的观点。他认为，治疗疾病和改善卫生条件，只会"让更多人在愈加悲惨的生活中煎熬更长时间"，饥荒"不仅可取，而且必不可少"。

利奥波德在《生存之路》出版前就去世了。但在生命最后几年，他也关切人口的影响，对承载力这个生态学概念尤为感兴趣。在林务局工作期间，利奥波德碰到过这个概念，编写《猎物管理》一书时也探讨过。承载力是从航运业借用的术语，生态学家通常将之定义为特定地点可以支持的最大种群规模。对利奥波德来说，承载力可以测量一个地方在特定时间支持某个物种的能力。对沃格特来说，承载力是更加理论化的概念，即地球可以养活的最大人口数量，不限具体的时间和地点。

尽管有这些分歧，沃格特和利奥波德都把凯巴布高原鹿群的崩溃看作承载力的严峻教训。沃格特称之为"人类动物应该好好思考的现象"，而利奥波德则提醒读者"那些充满希望的鹿群，由于数量过多，在饥饿中变为一堆堆骸骨"。两人都确信，专注短期经济利益的现代人类，正在让栖息地的承载力经受考验。沃格特认为，解决方案是饥荒；利奥波德认为，是土地伦理。

人口增长也是朱利安和奥尔德斯忧虑的核心问题。在《美丽新世界》中，奥尔德斯描绘了一个饥寒交迫的社会，为控制人口数量，社会废除自然怀孕和生育，通过克隆，批量生产人类（《美丽新世界》中的人物为控制生育，穿上马尔萨斯腰带，还随马尔萨斯蓝调起舞）。朱利安与沃格特、奥斯本均有来往，同意他们的许多观点，但他乐观地认为，有了科学和科学权威，人口问题不会太过影响人类社会。

1965 年，朱利安在《花花公子》上撰文，建议联合国"大力倡导全球人口政策"，在每个"重要"的国家或地区建立"高水平研究所来研究人口问题并提供建议"，并将计划生育纳入政府服务。他认为，通过有组织的生育控制，社会可以改变"死亡解控"（death decontrol），也就是"避免自然界通过饥荒、疾病和杀戮等粗暴方法来平衡出生和死亡"。

第二次世界大战结束后，欧洲开始了漫长的恢复。新成立的联合国计划设立一个教育和文化组织。朱利安继续不知疲倦地周旋，很快便参与其中。他们一小伙人推动将

科学纳入该组织的职权范围，组织的缩写从 UNECO 变为
UNESCO（联合国教科文组织）。1945 年春天，英国政府教
育办公室主任颇为随意地问朱利安是否愿意担任代理秘书
长。朱利安震惊不已，不相信自己够格出任，不过他不久便
接受了这份工作。

朱利安在管理或外交方面没有特别的天赋。他出版了一
本小册子，宣称进化人文主义哲学是联合国教科文组织的指
导性纲领。这种无神论言论遭到新闻界和公众的谴责，联合
国教科文组织也避之不及。不过，朱利安博学多识，兴趣
广泛，对所有项目热情洋溢，赢得了组织内部的支持。1946
年，担任代理秘书长一年后，他当选为该组织的总干事。接
下来，他开始尝试说服成员国认可：保护符合组织使命。
他后来没好气地回忆道："在教科文组织的大会上，代表们
净提一些在我看来很愚蠢的问题——联合国教科文组织为什
么要努力保护犀牛或稀有花卉？保护未受破坏的壮丽风景不
在职权范围外吗？诸如此类。"在"一些自然爱好者的帮助
下"，朱利安回忆说，他说服代表们认可"享受自然是文化
的一部分，保护稀有和有趣的动植物是科学责任"。

1948 年秋天，朱利安和他在联合国教科文组织的盟友创
办世界自然保护联盟（IUCN）。这是一个由政府、政府机构
和非政府机构组成的网络，其任务是"收集、分析、解读和
传播有关保护的信息"。该组织在巴黎郊区枫丹白露宫举行

成立大会，朱利安在会上用诗意的语言解释了有点儿官僚的使命。他说："人类以外的所有生命形式，如此引人入胜，启迪我们生命的可能性。它们与我们源自相同的进化过程，却与我们迥然不同。它们拥有存在的权利，一旦消逝，则永远无法弥补。"

从孩提时代起，朱利安就喜欢各种形式的生命，无论是常见的还是奇异的物种，他都乐在其中。他的心血结晶——世界自然保护联盟，是第一个致力于物种生存的政府间组织。

在此之前，保护人士的大部分精力都投入到维持常见物种的数量——它们要么是人们喜欢狩猎的动物，要么是遭到残酷利用的物种。珍稀物种的灭绝能激发人心，但并非迫在眉睫。而美洲野牛是个例外，给人们带来巨大震撼。世界自然保护联盟将向全世界表明，许多物种濒临灭绝的程度远超想象；从此，保护运动的重心将决定性地转移到这些紧急事件上。

历史学家罗伯特·博德曼（Robert Boardman）认为，新生的世界自然保护联盟面临"令人望而生畏的数据缺口"。十二年前，利奥波德《受威胁的物种》一文中表示，关于所有脆弱物种的现有信息都不完整，而且"散落在许多人的头脑和文件中"。直到世界自然保护联盟自大地树立保护"整个世界生物群落"的目标时，数据缺失的状况仍未好转。

世界自然保护联盟的顾问们认为，必须行动起来，于是借鉴纽约动物学会现成的研究编制了一份物种名单。名单上都是最有可能灭绝的物种，包括十四种兽类和十三种鸟类（这二十七个物种和亚种中，八种现已灭绝；一种被分类学家并入另一种；其余所有物种，通过圈养和重引入，种群数量有所增加，但仍然非常脆弱，比如美洲鹤和加州神鹫）。1954年，世界自然保护联盟从美国聘请年轻生态学家李·塔尔博特（Lee Talbot），借鉴利奥波德猎物调查的方法开展国际研究。塔尔博特是动物学家C. 哈尔特·梅里安姆的外孙，也是观鸟先驱佛罗伦斯·梅里安姆·贝利的侄子。他以调查员兼大使的身份在中东、南亚和北非旅行了六个月，与所有了解当地野生动物状况的人交谈。他的报告《受威胁物种一瞥》（*A look at Threatened Species*）是一部富有生气的游记，不仅为世界自然保护联盟奠定了科学基线，也唤起了公众对其使命的关注。

1963年，彼得·斯科特（Peter Scott）——那位命运多舛的南极探险家之子——成为世界自然保护联盟物种生存委员会主席。斯科特是鸟类学家和艺术家。他在英国成功繁育夏威夷鹅，将三十五只运到夏威夷放归，几乎以一己之力拯救了这种世界自然保护联盟首批名单中的鸟类。在斯科特的指导下，该委员会将塔尔博特和其他人的工作汇编成一系列受威胁物种的简介。物种简介起初是一沓索引卡片，1966年汇编成介绍二百七十七种兽类的活页夹，分发给专家们。这就是后来标志性的物种红皮书。

今天，世界自然保护联盟物种红色名录收录了超过十万种动物和植物，由科学家评定受威胁等级，从无危到灭绝不等，而且定期修订。红色名录没有区分物种是否"有用"。罗莎莉·埃奇和奥尔多·利奥波德会欣喜地看到，鹰、狼、甲虫同鲸和野牛并排而列。

这份名录是一系列国际协议的基础，包括1975年生效的《濒危野生动植物种国际贸易公约》（CITES）。它也是具有全球影响力的晴雨表，被大大小小的保护组织用来设定优先次序，衡量物种保护和破坏的进展。

朱利安在联合国教科文组织内部坚定地推动保护项目，大获成功，但在组织内部也树了一些宿敌。担任总干事两年后，董事会投票决定，朱利安不再连任。"在美丽的博斯普鲁斯海峡岸边／我们的董事会相当荒谬。"任期结束前夕，在土耳其召开的会议上，朱利安沮丧地写道。不过，他仍继续为联合国教科文组织工作。1960年，联合国教科文组织派他前往中非和东非的十个国家旅行三个月，朱丽叶一路陪同。他在伦敦《观察家》杂志上连载三篇文章，生动描述了旅行经历。

一群群狷羚、角马、斑马在开阔的平原上奔跑，一队大象下到水坑边喝水嬉戏，一群狮子在杀戮，形如香肠的河马在水中穿梭，一群黑斑羚在四散跳跃，犀牛恍如从史前走来，长颈鹿缓步走过，像是拉长的木马。所有这些景象绝无仅有，令我没齿难忘，极大地丰富了我作为人类的体验。

当时，非洲大陆上的独立运动风起云涌，许多欧美保护人士非常担忧非洲物种的生存状况，朱利安也一样。在那之前，保护在非洲一直是殖民项目。朱利安在《观察家》上表示，不少欧洲人士担心，"随着多数殖民领地取得独立，新兴的非洲政府将视猎物为随手可得的肉食，视国家公园为不受欢迎的'殖民主义'残余，或是愚蠢的欧洲发明，对新兴的非洲国家毫无用处，届时，大型野生动物在非洲将无处藏身"。

然而，朱利安比多数人更有信心。他居高临下地认为，需要教导新独立的非洲人认识野生动物的价值，野生动物是蛋白质、旅游收入，以及民族自豪感和国际尊重的源泉；他同时也相信，非洲领导人和非洲人民很快就能意识到并认可保护的益处。

朱利安在《观察家》上的连载令世人瞩目。到英国避难的捷克商人维克多·斯托兰（Victor Stolan）恳切致信朱利安："必定有办法诉诸超级富豪的良知、心灵、骄傲和虚荣，说服他们慷慨解囊，服务古往今来最为伟大的崇高事业。"

朱利安同意，将信件转交世界自然保护联盟的联合创始人马克斯·尼科尔森（Max Nicholson）。受斯托兰启发，尼科尔森提议为世界自然保护联盟创建私人筹款机构，以纾解该组织的经费短缺。

1961 年，短短几个月内，尼科尔森、朱利安以及二十几位博物学者在伦敦举行了一系列筹划会议。这些人士均为男性，除了鸟类学家菲利斯·巴克利-史密斯（Phyllis Barclay-Smith），其他都是英国人。到第三次会议，他们同意将该组织命名为世界自然基金会。到第六次会议，他们商定了吉祥物：一种受到威胁的可爱动物，能够凸显基金会的全球影响力。彼得·斯科特只花几分钟就画好了著名的熊猫标志。这种动物的皮毛黑白相间，便于印刷且费用低廉。世界自然基金会后来成为独立机构，如今在一百多个国家开展工作。

朱利安在《观察家》杂志中写到一些悲观者的观点，他们至少说对了一部分。在广阔而多样的非洲大陆，许多居民确实视国家公园为殖民主义的遗物，视保护为欧洲的发明。他们怎么能不这么看呢？非洲第一个国家公园，据说可以追溯到 1919 年黄石国家公园的篝火旁。当时，老亨利·费尔菲尔德·奥斯本说服比利时国王阿尔伯特保护山地大猩猩的栖息地。这就是维龙加国家公园，如今位于刚果民主共和国境内。非洲其他国家公园和野生动物保护区，大多也是殖民政府创建的，当时还强行驱逐了"擅自占地者"，而这些人在当地已经生活了数百年，甚至更长时间。如此种种，跟美国政府当年为创建黄石国家公园和约塞米蒂国家公园而驱逐印第安人的行为如出一辙。

早在欧洲殖民之前，许多非洲社会已经建立了各种保护实践，从皇家法令到非正式习俗。跟世界各地的人类社会一样，非洲人有多种看待其他物种的方式。但是，许多非洲人开始相信，而且理由充足，殖民政府和国际团体支持的保护举措，不过是把非洲的物种保留给外国人，并且阻止非洲人使用与生俱来的资源。"非洲人民要问的是：我们为谁保护野生动物？"20世纪90年代初，赞比亚动物学家马鲁莫·辛博图威（Malumo Simbotwe）写道。在20世纪，大多数时候答案显而易见。

保护运动与新独立的非洲国家的初期接触，并没有缓解这些担忧。世界自然基金会聘请菲利普亲王担任英国分部主席，聘请荷兰伯恩哈德亲王担任名誉主席，试图用金光闪闪的头衔打动欧美的潜在捐助者，却没有打消非洲潜在合作伙伴的顾虑。1961年，世界自然保护联盟在坦噶尼喀（今属坦桑尼亚）举行大会，世界自然基金会在会上首次亮相。尼科尔森和朱利安拟了一份《紧急状态宣言》，请朱利叶斯·尼雷尔（Julius Nyerere）[1]宣读。尼雷尔是行将独立的坦噶尼喀的总理，年纪轻轻，广受欢迎。他曾表态支持保护目标，但对国家独立危及非洲野生动物的暗示迟疑不决。尼科尔森对宣言做了修改，措辞较为温和，声称"保护野生动物和野生环境不仅影响到非洲大陆，也影响全球其他地区"。尼雷尔最终同意宣读这个版本。

最初，尼雷尔和其他领导人欢迎世界自然基金会和世界自然保护联盟向国家公园和野生动物部门提供技术援助，促进旅游发展。但是，许多外国保护人士看待非洲，就像约翰·缪尔看待约塞米蒂国家公园，认为它是用来参观而非居住的殊胜之所。非洲许多地区的管理方式已经是为了满足人类需求，也就是吉福德·平肖可能已经了解的方式。但这个事实，无人关注。

1959年，德国兽医和保护主义者伯恩哈德·格兹梅克（Bernhard Grzimek）制作了一部影响广泛的纪录片，《塞伦盖蒂不该丧命》（*Serengeti Shall Not Die*）。格兹梅克宣称，不应该允许任何人在塞伦盖蒂这样的"原始荒野"里生活，"即使是当地人也不行"。在塞伦盖蒂，许多国家公园和狩猎保护区也是马赛牧民传统的狩猎和放牧领地。在世界自然基金会和世界自然保护联盟驻东非代表的推动下，马赛牧民遭

1　朱丽叶斯·尼雷尔是坦桑尼亚政治家、外交家，坦桑尼亚革命党的缔造者，也是建国后第一任总统，执政超过25年。

到驱逐。到20世纪60年代末，保护人士和马赛人的关系高度紧张，一些马赛人屠杀犀牛，抗议设立新的国家公园。

朱利安曾帮助扩展现代保护的范围，创建能在广阔生态尺度上开展工作的国际机构。得益于他的工作，保护人士可以了解和关心远方的物种，还能够采取协调一致的保护措施。然而，朱利安笃信中央集权和专家智慧，认为保护是自上而下的事业，区域和基层机构只需执行全球权威的命令。如果把保护运动比作生物金字塔，利奥波德强调金字塔的底座，能量自下而上流动；而朱利安强调顶层，能量自上而下流动。

跟同时代许多欧美保护人士一样，朱利安对非洲的基层和区域性机构不屑一顾。经过数个世纪的殖民统治，这些机构的力量已经遭到削弱；国家独立后数十年，掌权的专制独裁者还将继续削弱它们。尼雷尔是坚定的社会主义者，具有强大的道德感召力，深受国内外敬仰；但他拥护一党专制，把持总统职位长达二十多年。直到20世纪80年代，新一代非洲保护人士才认识到失去了什么，于是着手恢复保护金字塔的基础。

1975年，朱利安逝世，享年八十七岁。直到去世前不久，他还积极参与公共事务。1963年秋天，他前往内罗毕参加第八届世界自然保护联盟大会。大会安排美国内政部长斯图尔特·乌德尔（Stewart Udall）向全体代表发表讲话。乌德尔是约翰·肯尼迪总统年轻内阁里最年轻的成员。讲话前三天，乌德尔还在攀登乞力马扎罗山，冲击一万九千英尺的顶峰。他是经验丰富的户外高手，尽管日程繁忙，还是坚持安排这次攀登。通常攀登乞力马扎罗山需要四天。为节省时间，乌德尔试图压缩到三天。坦噶尼喀军队的年轻上尉马利索·萨拉基亚（Mrisho Sarakikya）是乌德尔的向导之一。在攀登过程中，萨拉基亚晕了过去，不得不由救援队提供氧气。乌德尔跟跟跄跄，勉强登上顶峰。"回想起来，这是我最愉快的一次旅行——可能除了最后的一千五百英尺。"《生活》杂志的摄影师特里·斯宾塞（Terry Spencer）简洁地回忆道。在顶峰上，登山者们戴上小常青藤的花环；乌德尔和斯宾塞头发上插着花，相拥而笑，欣喜若狂。萨拉基亚后来创办了平民控制的国防部队，并亲自担任指挥官。他攀登了四十多次乞力马扎罗山。

乌德尔下山后，见缝插针，乘坐飞机游览大裂谷，再去内罗毕演讲。也许是因为险些命丧乞力马扎罗山，他的态度多了几分谦逊。他说，美国几乎灭绝了野牛，造成了沙尘暴，而且灭绝了旅鸽。美国仍在努力修复对佛罗里达礁鹿、海牛、极北杓鹬和美洲鹤等物种造成的损害。"在我国保护历史上，这些事件令人惋惜。我公布这些事件，目的是呼吁新兴国家学习我们的成就和错误，引以为鉴。"

乌德尔说,非洲新兴国家有机会"保护自己珍贵的自然美景和栖息地,同时开发能够生产物质财富的自然资源"。乌德尔补充说,非洲举世闻名的国家公园和保护区、南罗德西亚狩猎动物企业的成功,以及在国际资助下坦噶尼喀新建的非洲野生动物管理学院,都令人鼓舞。这表明非洲国家可以避免走上美国的歧途,而是选择"更富成效的道路,明智地利用大自然的恩惠"。听众席上的朱利安一定点头表示了同意。

　　乌德尔对保护运动早有兴趣。不久前,蕾切尔·卡森(Rachel Carson)的《寂静的春天》畅销一时。受这本书的影响,还因为他与卡森的谈话,乌德尔保护自然财富的决心更坚定了。乌德尔离开非洲时身心俱疲,不过受到了更深的启发。回到华盛顿特区后,他为全球最强大的物种保护法案奠定了基础。

第六章

白头海雕与美洲鹤

"它们像棕色的树叶，随风飘荡。"1945 年秋天，一位到达鹰山的访客写道，"有时一只孤鸟御风而来；有时数只结队高飞，直到变成映衬云层的斑点，或是再次向我们脚下的谷底跌落；有时阵仗浩大，上下翻腾，如同狂风扫落叶。"

　　这位访客是蕾切尔·卡森，时年三十八岁。她当时供职于美国鱼类和野生动物管理署，担任作家和编辑，不过多少有些不情愿。卡森的梦想是全职作家，但第一本书《海风下》（*Under the Sea-Wind*）销量惨淡，要离开政府机构，她也负担不起。她偶尔给杂志撰稿，聊作安慰。访问罗莎莉·埃奇建立的鹰山保护区之后，卡森着手撰写一篇文章。

　　卡森学过海洋科学，她所眷恋的也是海洋。鹰山不是她熟悉的景观，但在那个狂风大作、寒冷无比的早晨，在鹰山视野开阔的山脊线上，她听到了海洋的召唤。"也许这并不奇怪。我痴迷于大海，在山中的发现也常常让我想起大海。"她写道，"我看着山上的溪流奔腾而下，便不由得联想到它们在漫长的旅程之后终究要到达大海……我眯着眼睛躺下，想象自己潜到大气海洋的底部，而鹰在海面航行。"那天早上，她的朋友和同僚雪莉·布里格斯（Shirley Briggs）给她拍了一张照片。卡森坐在保护区北瞭望台的巨石上，身穿皮夹克和宽脚裤，像是故事书中的女飞行员，举起双筒望远镜望向天空。

1945 年 10 月，蕾切尔·卡森在鹰山观看迁徙的鹰。

卡森从未发表关于鹰山的文章，这些笔记将在她的文件中埋没几十年。但她记得这次来访。十五年后，她在马里兰州银泉的家中，给鹰山保护区看守人莫里斯·布鲁恩写了一封信。她写道："你可能已经听一些保护界的朋友说了，我正在写一本书，探讨化学杀虫剂的影响，特别是生态影响。"她继续写道：

> 写到鸟类身上发生的事，我当然会提到鹰的问题，尽管我们还不能将问题归结为杀虫剂。我注意到您几次提到，目前秋季迁飞路过鹰山的猛禽中，未成年的非常罕见。能否请您写下您对这件事的看法，包括任何您认为重要的细节和数字？……您告诉我的所有内容，都将极为有用，这点您可以放心。

布鲁恩的答复将成为《寂静的春天》中的关键证据。卡森在书中传奇般地论证了反对过度使用合成杀虫剂。《寂静的春天》和卡森本人，将阐明全球物种面临的一种新威胁，并催生一场新的保护运动。

早在第一次访问鹰山之前，卡森已经在思考杀虫剂对其他物种的影响。她对 DDT 特别感兴趣。DDT 合成于 19

世纪 70 年代，但一直不为人所知。直到 20 世纪 30 年代末，瑞士化学家保罗·穆勒（Paul Müller）发现它是非常有效的杀虫剂。早期研究表明，DDT 对包括人类在内的温血动物几乎没有影响。当时主要使用的除虫菊素，原料产自日本。在第二次世界大战期间，盟国与日本交战，买不到除虫菊原料，英美军队竞相采用 DDT。"我们已经发现多种预防热带疾病的方法，通常是杀灭各种昆虫。"1944 年 9 月，时任英国首相温斯顿·丘吉尔宣布，"经过充分实验，优良的 DDT 粉末效果惊人，今后将大规模使用。"

盟军士兵不仅把 DDT 撒在身上驱赶虱子和蚊子，还在鱼雷轰炸机上安装喷头，把 DDT 溶解在柴油里"扫射"太平洋岛屿。1943 年，为控制意大利那不勒斯爆发的斑疹伤寒，美国卫生官员指导使用 DDT 治疗超过一百万居民。"那不勒斯人现在撒给新娘的不是大米 [1]，而是 DDT。"《纽约时报》报道称。当时的照片显示，美国士兵向衣衫褴褛的居民喷撒 DDT 粉末，气氛并不那么喜庆。

在美国本土，DDT 成为国力和智慧的象征，被当作抗击疾病和害虫的爱国武器加以推广。在一则广告里，山姆大叔一只手抓住日本首相东条英机，另一只手抓着蚊子。人们把 DDT 喷撒到森林、农田和社区中，对抗舞毒蛾的侵袭、疟疾等各种疾病；为了控制小儿麻痹症，伊利诺伊州

1　在意大利的习俗中，当新人走出教堂时，人们会向他们撒大米，以示祝福。

一个社区遍撒 DDT。陆军高级外科医生詹姆斯·西蒙斯（James Simmons）准将在《周六晚报》上表示，DDT 是"战争对未来世界卫生的最大贡献"。1948 年，穆勒被授予诺贝尔医学奖。

但卡森知道，科学家正在发现 DDT 的另一面。1945 年6 月，在马里兰州帕图森特研究保护区，鱼类和野生动物管理署研究人员用小飞机往一片森林喷撒 DDT、二甲苯和燃油的混合物，然后监测森林和附近帕图森特河中的兽类、鸟类、青蛙和鱼类。不到十小时，河中的渔网开始捞到死鱼。后来，该机构科学家的实验室研究表明，直接暴露于 DDT中的鸟类、两栖动物和小型兽类，大多数都会生病，很多会死亡——颤抖、抽搐，神经系统受到致命伤害，最终倒下。粉末状的 DDT 不容易通过皮肤吸收，溶解在油中的 DDT却可以。吸收或摄入这种杀虫剂，对很多物种都是致命的。

卡森写了一些新闻报道，描述这些结果。她还向《读者文摘》建议写一篇故事，慎重说明这些实验具有"非同凡响的意义和重要性"。《读者文摘》拒绝了这个想法，不过卡森继续关注着科学进展。

在接下来的十年里，关于 DDT 的逸事和数据堆积如山。在加拿大新不伦瑞克省，喷撒在米拉米西河上空的DDT，杀死了河中 90% 以上的鲑鱼幼苗。在美国蒙大拿州，喷撒在黄石河上的 DDT，灭绝了河中的鳟鱼幼苗。许多森林和小镇为了控制荷兰榆树病喷撒 DDT，之后鸟类死亡的报告纷至沓来。1948 年，纽约市北部一众高尔夫球场用浓缩的 DDT 溶液处理草坪，罗莎莉·埃奇向纽约州鱼类和野生动物署主任报告："在一块小草坪上发现十九只旅鸫的尸体。另一块草坪上发现三具拟鹂的尸体，尽管拟鹂是树栖鸟类。类似例子不胜枚举。"

研究人员发现，DDT 及其分解产物 DDE 都可以在生物金字塔上移动。密歇根州的一项研究表明，用 DDT 处理过的榆树叶落到地上时，DDT 和 DDE 会从树叶转移到土壤，从土壤转移到蚯蚓体内，再从蚯蚓移到旅鸫体内，并在旅鸫体内累积到致命的浓度。科学家怀疑在人体内也会累积。

1957 年秋天，卡森的注意力转向长岛关于 DDT 的法律纠纷。在鸟类学家罗伯特·库什曼·墨菲的带领下，当地一群居民就扑杀舞毒蛾的飞机喷撒行动起诉州和联邦农业官员。原告提出，在居住地附近喷撒 DDT 将危及人们的健康和财产，因为"被告也承认这种杀虫剂是延迟生效的累积性毒药，将不可避免地对所有生物造成不可弥补的伤害和死亡"。

经过二十二天的审判，法官裁定原告败诉，认为长岛居民"没有提出证据证明，他们或其他人因喷撒 DDT 而患病"。这些居民最终向美国最高法院提出上诉，但最高法院投票决定不审查该案。然而，原告的论点在社会上很有说服力。原告马乔里·斯波克（Marjorie Spock）是著名儿科医生本杰明·斯波克（Benjamin Spock）的妹妹，种植有机产品。纽约州停止了喷撒计划，卡森开始与马乔里热烈通信。卡森相信，是时候写一本关于 DDT 的书了。

卡森是细致的研究者，除了汇总自己掌握的信息，还定期联络他人获取更多信息。她后来提及，莫里斯·布鲁恩回复她 1960 年去信时提供的数据"特别重要"。1935 年至 1939 年，也就是鹰山逐日鸟类计数的头四年，布鲁恩观察的白头海雕中约有 40% 是幼鸟。二十年后，幼鸟只占白头海雕记录总数的 20%。1957 年，每三十二只成鸟中，布鲁恩才观察到一只幼鸟。鸟类占据的巢穴越来越少，产下的蛋越来越少，养育的幼鸟也越来越少。这种现象日益明显，而布鲁恩的观察是持续时间最长、最为详细的记录。后来的研究表明，出现这种现象的部分原因是 DDT 分解产物在鸟类体内积聚，蛋壳变脆，以至于无法孵化。

1962 年夏天，《纽约客》分三部分连载《寂静的春天》，立刻引发公众反应。公众已经非常忧虑核战争以及核沉降物对人体的隐性影响，卡森将核辐射的无形威胁与合成杀虫剂的威胁相提并论。卡森是防止核扩散运动的忠实信徒，她将《寂静的春天》献给医生和反核活动家阿尔伯特·史怀哲（Albert Schweitzer）。这种比较还将继续引起大众共鸣。这本书的精装版，恰好出版于古巴导弹危机前一个月、第一个核试验禁令颁布前一年。

诋毁卡森的人士贬低这本书是"神经质发作的谬论"，引发无谓的公众恐慌。有一篇评论甚至破口大骂：闭嘴，卡森小姐！但是，卡森的论证建立在一系列证据之上，而不是个别的研究或案例。此外，卡森还谨慎地强调所引研究的不确定性。长期以来，人们以为卡森抵制所有化学品；其实不然，卡森大方地承认，有些情况下化学品有助于保护农作物和限制虫媒疾病。"我赞成有节制、有选择和明智地使用化学品，"她说，"我反对的是不分青红皂白地全面喷撒。"她的写作清晰优雅，有意避开公然的政治争论，但仍以道德力量呼吁适度使用。"是谁不曾商量过就为千百万的人们做出决定——是谁有权力做出决定，认为一个没有昆虫的世界是至高无上的，哪怕这样一个世界由于飞鸟耷拉的翅膀而变得黯然无光？"

　　其他人士也曾呼吁公众关注杀虫剂的深远影响，然而没有谁的呼吁能像卡森的一样强有力。她简短的开篇《明日寓言》将读者带入这样一种未来：没有鸟儿歌唱，没有鸟蛋孵化，没有花朵结果；孩子在玩耍时突然倒下，短短数小时便身亡。

　　像许多伊索寓言一样，卡森寓言是对无知的警告，但其影响关乎个人，亦关乎全球。毒药杀死燕子，扫除"与凯巴布的狼和郊狼扮演相同角色"的捕食性昆虫，渗入人类器官——从一个物种蔓延到另一个，影响波及全球。"我们正在丧失英国诗歌一半的题材。"读完卡森的书,奥尔德斯·赫胥黎对朱利安说。

卡森和赫胥黎兄弟一样,明白进化论和生态学常常洞悉令人不安的趋势,但她敦促人们去倾听。1963年初,她在旧金山对医生和保健人士演讲,这是她最后一次公开演讲。卡森指出,维多利亚时代的人们畏惧进化论的影响,但最终"从恐惧和迷信中解放出来"。"然而,我们许多人否认明显的推论,"她说,"人类同样受到环境的影响。这种影响控制着成千上万其他物种的生活,而人类与这些物种在进化上息息相关。"卡森警告说,人类能够消灭其他物种,也能够被消灭——而一些消灭物种的手段,看不见、摸不着,却无处不在、永不消失。

《寂静的春天》吸引了数百万读者,其中两位读者的影响无与伦比:美国总统约翰·肯尼迪和内政部长斯图尔特·乌德尔。肯尼迪是游艇爱好者,喜欢在马萨诸塞州科德角的居所附近航行。他的书架上放着卡森的《海之滨》和《我们周围的海洋》,后者是畅销书。肯尼迪对环境保护的兴趣游移不定,让乌德尔很是懊恼,不过肯尼迪的确关心海洋和海岸,而卡森的作品打动了他。

在《寂静的春天》出版之前,肯尼迪和乌德尔就对之有所了解。1962年8月,这本书在《纽约客》上连载后,肯尼迪就认可了卡森的观点。在一次电视新闻发布会上，他说"卡森小姐的书"已经促使政府仔细调研农药对人类健康的影响。第二天，肯尼迪宣布，总统科学咨询委员会安排专家组调研该问题。专家组最终肯定了卡森的结论。

乌德尔来自亚利桑那乡村一个政治地位显赫的摩门教家庭。他从小对土地就有一种义务感，主管内政部时大力推行"活力计划"。他以《寂静的春天》为契机，试图将农药监管列入内政部议程。乌德尔还指派最亲近的顾问之一保罗·奈特（Paul Knight）与卡森协调这本书的发行。这本书出版后，卡森受到化学工业及其政府内部支持者的攻击，乌德尔亲自为她提供建议和支持。"蕾切尔是我的朋友，"乌德尔回忆说，"她是勇于担当的女士。她挺身而出，独自一人。她没有跑来对我说，'你必须为我说话，乌德尔'。"

1963 年 4 月，在帕图森特保护区一个野生动物研究中心的落成典礼上，乌德尔称赞卡森是一位"伟大的女性"，她"关于我们周遭的危险的记录极具说服力，唤醒了国家"。几天后，卡森致信感谢他。"写作《寂静的春天》的这些年里，我屡次犹豫，这种努力是否值得——这些警告会不会被人注意到？能否以任何方式改变现状？"她写道，"坦率地说，没有什么比你为实验室所做的贡献更让我高兴。"卡森下一封信的落款则不那么正式："请代我向你可爱的家人问好，当然，也包括梦猫（Dreamcat）。"

卡森雄心勃勃，面对公共争端果敢坚毅，但她也非常敏感，对其他物种和所有年龄的人都高度共情。斯坦利·坦普尔（Stanley Temple）1976 年入职威斯康星大学麦迪逊分校，担任野生动物生态学教授，成为奥尔多·利奥波德的继任者。他小时候跟随奥杜邦学会在华盛顿特区周边野外考察时，就认识这位卡森小姐。"大多数我认识的成年博物学者都想教我识别东西，只有她教我停下来，仔细看。"

卡森为人低调，喜欢独处，终生未婚，但在生命最后十几年，她与缅因州海岸夏日居所的邻居多萝西·弗里曼（Dorothy Freeman）有过一段热烈的罗曼史。1955 年 6 月，弗里曼生日前不久，卡森给她写信道："不知何故，比起其他人，与你分享那些美丽可爱的事物，最是令我满足。……愿你来年满心幸福：岸边的月光和远处的锣鼓，云杉林里的茱萸，透过苹果花的耀眼阳光，黄昏时分的画眉啼鸣和黎明时分的隐士歌声；早餐的咖啡，壁炉边的雪利酒，飘荡其间的欢声笑语；对仙女池的探索；小苍兰和白色风信子——啊，这些你都知道——愿你应有尽有。亲爱的，愿来年我们彼此加深理解——愿我，如此深爱你的人，给你带去幸福。"

1960 年 4 月，五十三岁生日前夕，卡森接受乳腺癌根治手术，从左乳取出两块肿瘤。外科医生声称手术只是预防措施，但她怀疑真实情况更加严重。12月，一位专家确诊她患有癌症。除了弗里曼和几位知情人，她对其他人隐瞒了自己的病情，担心化工界借机说她对DDT有偏见。由于放射治疗和多种疾病的影响，卡森的身体非常虚弱，但她努力完成了《寂静的春天》，该书出版后，经受住了它引起的争议。1962年底，哥伦比亚广播公司记者埃里克·塞瓦里德（Eric Sevareid）对卡森进行电视采访。她戴着厚厚的假发，看起来病得很重，塞瓦里德都担心她看不到报道播出（她看到了，她无懈可击地反击了化工界的批评）。

1964年4月，卡森去世。葬礼上，乌德尔亲自抬棺。追悼会结束后，卡森的一位朋友递给乌德尔一张字条，上面印有卡森作品中的一段话。这位朋友解释说，卡森曾希望在自己的葬礼上宣读这段话，但被她哥哥拒绝了。卡森最后的愿望就这样被忽视了。乌德尔深感震惊，把字条放进了口袋。

乌德尔比卡森多活了近五十年。主持内政部的八年间，他建立了四个国家公园、五十个野生动物保护区和八个国家海岸公园。《星期六晚报》称他是"所有事务的秘书"，处理的问题五花八门：从历史遗址保护到水质，再到民权，甚至琐碎到要求华盛顿特区橄榄球队在联邦土地上的体育场比赛前整合其团队。他同时支持大坝建设和荒野保护，认为（至少在当时认为）保护主义者能够兼顾。1969年初，林登·约翰逊总统离任前夕，给乌德尔发了一封发自肺腑又有些恼火的感谢信："我毫不怀疑，你是历史上最积极活跃、经历最丰富多彩、最富有成效的内政部长之一。"

卸任内政部长后，乌德尔回到美国西南部。在那里，他代表因辐射而患病的纳瓦霍族铀矿工起诉联邦政府。该案最终失败，动摇了他对政府的信心，但他成功游说国会开展调查，帮助数以千计受辐射毒害的人争取到赔偿。他还继续积极参与保护工作，多次表示尊重卡森和她的思想。

2007 年，波士顿约翰·肯尼迪总统图书馆举行卡森百年诞辰庆典。乌德尔笔直地站在讲台上，告诉众人，他要朗读卡森为自己的追悼会选择的词句。八十七岁的乌德尔已经视力模糊，他的孙子已经在上大学，默默协助爷爷。乌德尔缓缓读出卡森第三本书《海之滨》中的那段话：

> 凝视着岸边繁茂的生命，我们有一种不安的感觉，关于一些普遍真理的交流，还在我们掌握之外。成群结队的硅藻在夜色中闪烁着微光，它们在传达什么信息？……
>
> 这一缕透明的原生质，海中的蕾丝，由于某种我们无法理解的原因而存在，在岸边的岩石和杂草中存在了一万亿年。其意义何在？这个意义始终困扰着我们。我们在追寻其意义的过程中，接近了生命本身的终极奥秘。

直到 20 世纪中期，"环境"通常是"背景"的同义词。第二次世界大战之后，许多人感受到全球性的关联，以及全球的脆弱性，这才形成"环境"作为地球生命支持系统的现代概念。《寂静的春天》为这种焦虑提供了具象，指明了方向，帮助发起环保运动。"环境主义"和"保护主义"，这两个词经常交替使用，很大程度上这两个运动也相互补充，共同保护其他生命免受人类的过度侵害。但是它们的源流不同，优先事项也不尽相同。早期的环境主义者主要关注空气和水污染等问题，吸引中产阶级和国际视野的关注，长期以来的意见领袖都是劳工活动家和城市改革者。与此同时，保护主义肇始于精英狩猎圈；尽管其他人施加的影响不断扩大，比如罗莎莉·埃奇这样的鼓动者、奥尔多·利奥波德这样具有生态意识的科学家以及朱利安·赫胥黎这样的国际主义者，保护主义仍然强调保护魅力非凡的物种免受直接和明显的威胁。对卡森时代的保护主义者来说，保护其他物种往往就是全部目的；但对环境主义者来说，这只是更大使命的一部分。

运动狩猎值得追求，这也是保护运动得以建立的信条，不过许多环境主义者，包括卡森本人，都不以为然。牛津大学出版社曾请求卡森为利奥波德的狩猎故事集《环河》（*Round River*）写一段宣传语，她回复了一封言辞尖刻的信。"利奥波德先生是彻头彻尾的野蛮人，"她写道，"牛津大学出版这本书，展露了保护运动里的一个错误：保护工作大部分掌握在那些自鸣得意的人手中，他们认为保护就是为了狩猎，其他想法都是愚蠢的多愁善感。"在这封信的边角处，卡森特别提到，她斥责利奥波德，不过没有读过他的其他作品（"《沙乡年鉴》出版时，我正忙着写海洋的书，只粗略地翻了翻。"）。持卡森这类观点的人，利奥波德称为"保存主义者"；他们与猎人之间的分歧经久不息，损害了他们的共同利益。

乌德尔明白，卡森在《寂静的春天》中讲述的环境寓言，不仅是关于 DDT 及其对个别物种的威胁。他认真对待这个挑战。在《安静的危机》（ *The Quiet Crisis* ）一书中，乌德尔呼吁建立"像敏锐的生态科学那样全面"的"面向未来的土地伦理"。他推动内政部改善"美国整体环境"，美化城市中心，建立国家公园。他认为，美国最优良的品质，要归功于人与土地持续的关系，而不是对土地的统治，就像弗雷德里克·杰克逊·特纳的边疆论暗示的那样。乌德尔还呼吁师承缪尔的保存主义者和师承平肖的功利主义者握手言和，劝勉他们成为"更高层次的保护政治家"。

1963 年秋天，乌德尔在东非之旅中想起了卡森的想法。"环境保护……是一门新生的科学，必须集中最优秀人才的天赋和精力。"他在为内罗毕世界自然保护联盟大会准备的演讲稿上写道，"扩展保护的概念，动员所有资源，解决所有资源问题！" 9 月 15 日，乌德尔登顶乞力马扎罗山的第二天，《纽约时报》发表了他的文章《为了拯救野生动物，也为了救助我们自己》。他在文章中指出，人类对其他物种最为紧迫的威胁有三种：过度狩猎、栖息地破坏，以及空气和水污染。"众多毒素进入生命之链，对野生动物可能是致命的，对一些人类成员也许也是如此。"乌德尔写道，同时向《寂静的春天》致敬。

他认为，保护野生动物正当其时，不仅要保护它们免受无节制狩猎之类的直接威胁，还要保护它们免受"文明进步的副作用"的影响，包括开阔空间、"污染范围不断扩大"。然而，阻碍他扩展保护概念的是保护运动的历史，以及孤注一掷挽救一个物种的努力。正如乌德尔文章开篇所写，这个物种"象征着世界各地消逝中的鸟类和动物的困境"：美洲鹤。

"我们有两种颜色的鹤，" 18 世纪初，耶稣会教士皮埃尔·弗朗索瓦·泽维尔·德·沙勒沃瓦（Pierre François Xavier de Charlevoix）在穿越法国北美领地的旅行中写道，"有些是白色的，其他是灰色的，做成汤都很美味可口。"

可能是胃口大开让沙勒沃瓦变得感觉敏锐。殖民时代明确区分北美两种鹤的报告寥寥无几，而沙勒沃瓦做到了，他区分了浅灰色的沙丘鹤（*Antigone canadensis*）和较为罕见的白色美洲鹤（*Grus americana*）。美洲鹤是北美最高的鸟类，沙丘鹤的体形只有美洲鹤的四分之三，但它俩偶尔同行，外形同样引人注目。1584年，英国船长菲利普·阿马达斯（Philip Amadas）在今天的北卡罗来纳州海岸登陆。他的手下用火枪射击后，一群"身体大部分是白色"的鹤"站起来，鹤鸣混合着回声，仿佛一支军队在演出"。阿马达斯写的可能是美洲鹤，也可能不是。1811年，英国著名植物学家和动物学家托马斯·纳托尔（Thomas Nuttall）沿密西西比河顺流而下，看到美洲鹤的"无数军团"在他头顶飞翔。不过，纳托尔很可能被自己"热情的想象力"误导了。约翰·詹姆斯·奥杜邦在《美国的鸟类》中收录了一幅生动无误的美洲鹤画像。不过，奥杜邦在19世纪初的旅行中也曾把这两种鹤混为一谈。

美洲鹤同野牛和旅鸽不一样，可能从来都不是数量繁多的物种，其化石很少。科学家估计，欧洲殖民者到来之前，北美大约有一万只美洲鹤，到19世纪中期，由于狩猎和栖息地丧失，美洲鹤减少到不足一千五百只。鸟类学家斯宾塞·富勒顿·贝尔德（Spencer Fullerton Baird）曾担任过史密森学会的助理秘书长。1858年，贝尔德警告说，美洲鹤"在得克萨斯州和佛罗里达州很常见，不过标本非常稀有"。因此，美洲鹤将遭受另一次重大打击。业余或专业收藏家全副武装，浩浩荡荡地前去寻找美洲鹤，渴望为自然历史展柜取回皮和蛋。到 1913 年，北美大陆的美洲鹤不足一百只。威廉·霍纳迪预言："这种绚丽的鸟几乎肯定会成为下一个被完全灭绝的北美物种。"1929 年，随着美洲鹤数量不断减少，威拉德·范·纳姆宣布它已经"无可挽回"。

美洲鹤的危机引起了公众的关注。卡罗莱纳鹦哥，它宝石般的羽毛曾令鸟类学家弗兰克·查普曼心动不已。它即便没有完全灭绝，也已时日无多了。在科德角附近的马撒葡萄园岛，全球唯一已知的草原松鸡种群仅剩一只。当时，北美大批鸟类爱好者为限制鸟羽贸易和规范鸟类狩猎而斗争。对许多人来说，庄重而古老的美洲鹤要跟鹦哥和旅鸽一样灭绝，无疑是一种耻辱。

在 19 世纪的北美，沙丘鹤和美洲鹤的境况都不佳。它们体形庞大，移动缓慢，容易成为商业和运动猎手的目标。鹤肉非常美味，猎人甚至给它们起了"天空肋排"的绰号。湿地正被垦为农田，进一步威胁到这两种鹤。20 世纪初限制捕鸟后，沙丘鹤的数量开始恢复。除了威斯康星州利奥波德的棚屋附近，整个北美大陆的沙丘鹤也都在恢复。而美洲鹤本来就所剩无几，食性和栖息地选择也比较死板，因此数量继续下降。

1937 年，美洲鹤仅余三十只上下，富兰克林·罗斯福总统紧急建立阿兰萨斯国家野生动物保护区（Aransas National Wildlife Refuge）。保护区位于得克萨斯州海岸，是一片一百八十平方英里的盐沼和沙地草原，一半以上的残余美洲鹤到此越冬。此举非常及时，五年内，迁徙的美洲鹤减少到十五只，都在阿兰萨斯越冬。

每年春天，这些鸟儿向北迁徙，到秋天它们会回到阿兰萨斯，通常还带着几只小鹤。但是，没人知道这些最后的美洲鹤夏天在哪里，保护区的管理人员每年都担心它们根本回不来。1945 年，新成立的美国鱼类和野生动物管理署与全国奥杜邦协会合作开展美洲鹤项目，希望增进对美洲鹤的了解，更好地保护它们的未来。

当时，奥杜邦协会的鸟类学家罗伯特·波特·艾伦（Robert Porter Allen）住在佛罗里达州偏远的塔弗尼耶，在佛罗里达礁岛群的红树林中匍匐爬行，与沙蝇做斗争。艾伦在宾夕法尼亚州的农村度过童年，自小就喜欢鸟类，不过他更喜欢行动，而不是研究。度过两段不安分的大学生活之后，他辍学加入商船。在海上漂泊四年后，他来到纽约，与伊芙琳·塞奇威克（Evelyn Sedgwick）成婚。伊芙琳是受过严格训练的钢琴家，很有冒险精神。艾伦想办法入职全国奥杜邦协会的总部，很快就从做琐碎杂事转为去野外工作，全家被派往佛罗里达礁岛群。在那里，艾伦开始研究粉红琵鹭的生活习性。这种鸟生性羞怯，因火红的羽毛而闻名，但其他习性几乎无人知晓。

当时，生态学家开始使用"生态位"一词描述一个物种或群体生存所需的食物、栖息地和其他资源。为了解粉红琵鹭的生态位，艾伦装备一艘小型平底船作为漂浮实验室，在蚊虫滋生的泥泞小岛上露营数日，开展近距离观察。他知道难以捉摸的美洲鹤更难研究。多年后他回忆道："我曾经幸灾乐祸，全面研究美洲鹤的艰巨任务，总有一天会落到某个毫无戒心的可怜虫头上。万万没想到，那个可怜虫是我！"

当奥杜邦协会邀请艾伦领导阿兰萨斯的美洲鹤工作时，他开始观察北美大陆最稀有的鸟类。到保护区的头几个月里，他用铁丝和帆布做了一个公牛形状的隐蔽所。隐蔽效果很好，直到一头真正的公牛走进来，而艾伦正蹲在里面，准备与入侵者搏斗。这头公牛最终走开，松了一口气的艾伦回到营地。他改善隐蔽所的防御性能，后来允许《生活》杂志的一位摄影师在假牛隐蔽所里碰运气。

每年夏天，艾伦还乘坐小型飞机勘察加拿大北部偏远的湿地，希望能找到美洲鹤的筑巢地。1955 年，他从空中发现一个鸟巢，决定和几位同事徒步搜寻。经过六周的搜寻，他们于 7 月 3 日返回，又脏又累，笑容灿烂。森林野牛国家公园，是三十年前为保护加拿大北部仅存的野牛群建立的国家公园。在国家公园几乎无法通行的偏僻之处，他们终于近距离看到一个美洲鹤的巢。这是自 20 世纪 20 年代以来记录到的第一个美洲鹤巢。"我们凝神注视，亲手触摸，"艾伦在回忆录中写道，"它是真实的，它合乎逻辑，是可以理解的。

最重要的是，它不再是未知的了。"

全国热烈庆祝这个团队的成功，一部广播剧甚至想象了巢穴被发现时美洲鹤的反应。国际鹤类基金会的创始人之一乔治·阿奇博尔德（George Archibald）清楚地记得，收听广播时他还在新斯科舍省农村上三年级。"他们会杀死我们的，要把我们做成标本，放到博物馆里！"一只母鹤惊恐地说道。"不，亲爱的，这里很安全，"一只雄鹤向她保证，"森林野牛能在这里活下来，我们也能。"

然而，艾伦的胜利并不能保证美洲鹤的生存。奥杜邦协会坚定地开展公众教育活动，但美洲鹤往返得克萨斯州和加拿大时，仍然遭到猎人有意无意的射杀。美国鱼类和野生动物管理署生物学家约翰·林奇（John Lynch）驻点路易斯安那州。艾伦从加拿大沼泽地回来不到两周，林奇警告说，成年鹤目前只有二十一只，不能保证长期生存。

第二次世界大战时，林奇在美国海军服役，教导飞行员紧急求生知识。他接受的训练，要求果断采取行动。他给上级递交一份备忘录，建议捕捉所有幸存的美洲鹤，进行集中繁育。"不要用半野生的围栏。实际上，这跟'野生动物管理'毫无瓜葛，现在要的是紧急而高强度的'家禽养殖'。"

艾伦知道美洲鹤危在旦夕，但对家禽养殖并无兴趣。沙丘鹤和美洲鹤繁殖速度都很慢，慢得令人挠头：它们结成终身伴侣，一般能繁殖二十年，最多能将十几只雏鸟养大成年。奥杜邦协会在阿兰萨斯尝试人工繁育美洲鹤，却屡屡失败，令人心碎：头一次产下一窝未受精的蛋，第二次孵出一只小鹤，起名鲁斯蒂，但只活了三天。而圈养的美洲鹤即便成功繁殖，也无法教会雏鸟迁徙。在艾伦看来，不能迁徙的美洲鹤就不是完整意义上的鹤。他在鸟类原生环境中观察鸟类多年，对他来说，通过圈养繁殖来拯救自由飞行的物种，本身就自相矛盾。

1956 年底，美洲鹤项目的参与者和支持者齐聚华盛顿特区，会议持续了七个小时，两种意见的争论达到顶峰。林奇声称他的小组已经"积累"了很多美洲鹤圈养的信息。艾伦强烈反对，提醒自己的同事圈养条件下出生的唯一一只美洲鹤雏鸟很快就死了。

双方都想拯救美洲鹤，都担心对方会失败。"每个人都在互相掐架。"鱼类和野生动物管理署的生物学家雷·埃里克森（Ray Erickson）后来回忆说。艾伦寡不敌众，他在奥杜邦的盟友最后也同意支持圈养繁殖。然而，艾伦仍然坚持己见。他有一次致信同事，如果只能选择灭绝或无限期圈养，他宁愿选择灭绝。

1963 年 6 月 28 日，艾伦在佛罗里达州的家中心脏病发作，随后在去往医院途中去世，享年五十八岁。第二年，斯图尔特·乌德尔拜访了他的遗孀伊芙琳，把约翰逊总统的公告交给她。那份公告将佛罗里达的三个岛屿命名为鲍勃·艾伦群岛。

乌德尔与艾伦一样，不相信英雄主义的举措。"稀缺性是野生动物唯一的价值标准吗？"1964 年春天，他在北美野生动物和自然资源会议上询问与会者，"一种几乎灭绝的生物有其可悲之处。我们能部分赞许自己的，是在灭绝的边缘阻止灭绝。"尽管如此，乌德尔赞同艾伦同事们的意见，即在灭绝边缘挽救一个物种，总比眼睁睁地看着它被遗忘好。

到 1962 年秋天蕾切尔·卡森出版《寂静的春天》时，美国和其他一些国家已经制定了全国性法律和政策，保护一些物种。经过奥杜邦协会的长期游说，《美国候鸟条约法案》通过审批，将数百种鸟类纳入保护，鹤类赫然在列。该法案规定，"追逐、捕捉、杀害或试图捕捉、杀害、拥有、出售"名录中任何一种鸟类均为非法。20 世纪 30 年代，根据利奥波德等人的建议，富兰克林·罗斯福总统新建了一系列野生动物保护区，还签署了《皮特曼·罗伯逊法案》，对狩猎武器和弹药征收 10% 的税，分给各州用于野生动物保护。

尽管欧美对自然保护的兴趣日益增长，但还没有哪个国家通过旨在预防物种灭绝的综合性法律。东非之行后，乌德尔决心改变这个局面。1963 年 11 月，肯尼迪总统遇刺，乌德尔继续担任内政部长，直到约翰逊的任期结束。1964

年 1 月，乌德尔宣布成立稀有和濒危野生生物物种委员会（Committee on Rare and Endangered Wildlife Species，简称CREWS）。该委员会负责就"正式指定稀有和濒危物种及其生物群落"、圈养繁殖以及与物种保护有关的"其他"问题向内政部提出建议，对濒危物种最有经验的政府科学家自然也加入委员会，特别是支持圈养繁殖的美洲鹤生物学家。

委员会提交给内政部的建议，本可以强调栖息地保护或者预防物种濒危的重要性。然而，多年来，研究美洲鹤的生物学家已经习惯于面对灭绝。他们关心的是紧急状况，确信人工圈养是必由之路。不出所料，稀有和濒危野生生物物种委员会的建议暗示，圈养繁殖对挽救物种的重要性不亚于野生动物保护区和狩猎法规。

委员会本还可以优先考虑职权范围中提到的"生物群落"，但委员们并不赞成。一些著名的生态学家已经开始研究生态系统整体，但委员们的背景和经验让他们倾向于关注单一物种。历史学家约翰尼·温斯顿（Johnny Winston）认为，委员们狭窄的战略和科学眼光"极大地限制了联邦濒危野生生物政策的形成"。

稀有和濒危野生生物物种委员会委员熟悉世界自然保护联盟濒危物种红皮书，有些人还曾做过贡献，于是乐意将之奉为圭臬。1964 年，他们编制了美国濒危物种红皮书的初稿，委员会及外部科学顾问共识别了六十种有灭绝危险的脊椎动物。第二年，乌德尔向国会提交濒危物种的立法草案，草案反映了委员们对高度濒危物种的关注和对人工繁殖的热情。乌德尔称，内政部的意图是"保护、保存、恢复……有灭绝风险的本土鱼类和野生动物物种，必要时繁殖部分物种，建立野生种群"。

1966 年，国会批准《濒危物种保护法案》，要求内政部继续掌管濒危物种名录，并指示其他政府机构"在可行的范围内"保护这些物种。三年后，保护措施增多。1973 年，国会通过至今仍生效的《濒危物种法案》，极大增强了对物种的保护。

该法案赢得广泛支持，反对者寥寥无几。全国步枪协会表态支持，参众两院最保守的议员也坚定支持。没人考虑法案的财政或政治成本，因为当时预计这两者的代价都不高。世界自然基金会甚至估计，拯救地球大多数受到严重威胁的物种，每年只需要一百五十万美元。

立法部门和新闻界都以为，《濒危物种法案》是为众所周知的大型动物准备的：灰熊、美洲鳄、白头海雕、美洲鹤。毕竟，到目前为止，正是这些物种定义了保护运动。然而，该法案在分类学上是宽松的。当时，美国的濒危物种红皮书中已经增加到数百个物种，包括夏威夷灰白蝙蝠和旧金山束带蛇。在立法程序的最后阶段，增加了一项条款，将濒危物种的范围扩大到植物。最终，仅有的不符合资格的物种是有害昆虫和微生物。后来，该法案对物种的定义扩大到亚种；对脊椎动物还扩大到"独特的种群组分"——确认对物种持续存在至关重要的生物群组。

《濒危物种法案》也为栖息地拟定了一些条款。在立法程序后期，立法者扩大了该法案的既定目的，把保护"濒危物种和受威胁物种所依赖的生态系统"写入法案。该法案允许（后来要求）划定"关键栖息地"，在这些区域中，联邦机构如有行动，必须与鱼类和野生动物管理署磋商可能对所列物种产生的影响。

对于法律禁止"掠夺"濒危物种生命的规定，人们普遍理解为适用直接杀害个别动物，而不是破坏栖息地，但法院会做出不同的决定。1978 年，田纳西大学一位法学教授和他的学生提起诉讼，要求停止在小田纳西河上修建大坝。他们认为，政府资助的项目将危及一种新近命名的河鲈类物种蜗牛鱼。美国最高法院裁定，没错，法律规定联邦项目不得破坏物种，也不得破坏其栖息地。

一种三英寸长的小鱼要阻止一座价值数百万美元的大坝，国会议员对此感到愤怒。为回应最高法院的裁决，他们建立所谓的"上帝小队"，一组有权为《濒危物种法案》制定例外规定的专家。不过"上帝小队"也做出了反对大坝的裁决，田纳西州国会代表团于是把大坝豁免条款夹带在支出法案中通过。大坝建成后，河谷被淹没，但有几个蜗牛鱼种群提前转移，得以幸存，后来在附近的支流中发现了其他种群。蜗牛鱼的故事从此成为某种寓言，用于例证法律是过度还是成功——这取决于话语权在谁手里。

自稀有和濒危野生生物物种委员会建立以来，《濒危物种法案》的变化极其显著，但委员会对单一物种和紧急状况的强调仍然根植于法律之中，其影响依然存在。在受该法案保护的美国动植物物种中，十一种已经灭绝，四十六种已经恢复到可以除名，其余大约一千七百种仍然留在名录上，而且恢复进展缓慢。法案要求制定物种恢复计划，分析这些计划，发现大多数物种和种群均已按计划恢复或正在恢复，而实际或预计完全恢复平均需要四十一年。

美国《濒危物种法案》成为类似立法的全球典范，在同类法案中仍然是影响最为深远的。几十年来，保护主义者和环境主义者都在捍卫该法案免受政治攻击，这是很正确的。为阻止物种灭绝，该法案是不可或缺的堡垒，但它往往生效得太晚，物种无法迅速恢复或根本无法恢复。世界上最强大的物种保护法案，也不足以完全保护其他物种免受我们的伤害。

《濒危物种法案》的确具备很多优势，其中一条是能为环境保护策略提供物种保护方面的论据。一个众所周知又深受喜爱的物种所面临的困境，能够说明保护空气、水或土地的必要性。

1967 年，美国本土的白头海雕被认定为濒危物种。彼时，得益于罗莎莉·埃奇近四十年前的游说，该物种已经在全美范围内受到保护，禁止猎杀。即便如此，阿拉斯加以外的白头海雕种群数量仍在持续下降。1963 年，美国本土四十八个州的白头海雕种群数量下降到最低点，只有四百一十七个繁殖对。被列入濒危物种名录引起了公众对白头海雕问题的关注，不过该物种的拯救工作其实已经开始了。这得从另一场关于长岛喷撒 DDT 的诉讼说起。

1965 年的一个春日午后，卡罗尔·扬纳孔（Carol Yannacone）开车经过上雅芬克湖。那是长岛东头一个小水塘，也是她非常珍视的地方。她从小就在浅水区游泳，到附近的树林里探险，还喜欢带两个孩子去那里玩。那天下午经过时，她惊恐地看到湖面全是死鱼。"你认识周围所有人，你知道这水，你知道这鱼，然后你看到那个——想到这，我就语无伦次。"她告诉我。

几个月后，扬纳孔从当地水务局一位化学家那里听说，死鱼是县里一辆 DDT 喷撒卡车造成的，司机把卡车里的东西排放进了池塘。扬纳孔没有读过《寂静的春天》，不过在大学里学过生物学，还在附近的布鲁克海文国家实验室担任放射性同位素技术员。"我听说过一些关于 DDT 的事情，但没有一个让人放心。"她回忆道。

当萨福克县宣布新一轮喷撒时，扬纳孔说服丈夫小维克多·扬纳孔（Victor Yannacone Jr.）出面处理这个问题。维克多是位律师，工作勤奋，在污染诉讼方面有一定经验。他代表妻子对萨福克县蚊子控制委员会提起诉讼，然后致电查尔斯·沃斯特（Charles Wurster），附近纽约州立大学石溪分校的生物化学家。他问沃斯特是否了解DDT，是否支持这项诉讼，以及可否在诉讼中使用他任何一位同事的名字。维克多记得，沃斯特的回答是三个"是的"。在沃斯特的帮助下，扬纳孔夫妇赢得了对新一轮喷撒的临时禁令。

十年前，罗伯特·库什曼·墨菲和其他长岛居民起诉地方政府使用DDT，他们输了。扬纳孔夫妇最终也输了官司，但在法庭外取得了胜利，蚊子委员会停止使用DDT。这起案件吸引了大量的公众支持，扬纳孔决定扩大他们的运动。扬纳孔和沃斯特借用罗莎莉·埃奇的策略，在奥杜邦学会的全国会议上向董事会提议设立法律基金，目的是争取DDT禁令。会员们支持这项提议，惊愕的董事会却不同意，因为他们不愿承诺进行长期的法律斗争。沃斯特和扬纳孔意识到只能自力更生，于是招募几位同情者，注册了"环境保护基金"（Environmental Defense Fund，简称EDF）。

靠着紧巴巴的预算，环境保护基金马上就密歇根州和威斯康星州的DDT使用问题提起诉讼，并于1969年对联邦政府继续使用DDT提出质疑。两年后，上诉法院命令全新的环境保护局（Environmental Protection Agency，简称EPA）彻底禁止在美国使用 DDT。成立环境保护局，部分是受《寂静的春天》所启发。理查德·尼克松总统曾指示该机构将环境当作"相互关联的独立系统"来对待。围绕DDT 问题，环境保护局举行了长达八个月的听证会，传唤一百二十五名证人出席，包括那些证明 DDT 对鹰、游隼、褐鹈鹕和其他鸟类有影响的科学家。然而，主审法官仍然建议环境保护局继续使用 DDT，不过最终决定权在环境保护局局长威廉·洛克豪斯（William Ruckelshaus）手中。1972年 6 月 14 日，洛克豪斯发布最终决定。他表示，关于 DDT影响人类健康的数据令人担忧，但尚未定论，而 DDT 损害野生动物证据确凿。"我相信，继续使用 DDT 的长期风险……是不可接受的，而且弊大于利。"

DDT 禁令于 1972 年 12 月 31 日开始生效。不到十年，将近一千八百对白头海雕在美国本土筑巢。2007 年，繁殖对增长到一万，白头海雕从濒危物种名录中除名，此后种群数量仍继续增长。环境保护基金也蓬勃发展，如今它雇用数百名律师、经济学家和其他专家，在全世界范围内协助制定环境政策。

每次《濒危物种法案》迎来重要生日，鱼类和野生动物管理署就会吹嘘该法案是美国国鸟的救星。将白头海雕列为濒危物种，肯定会增加公众和政府对禁用 DDT 的支持，但在拯救白头海雕的过程中，该法案的作用是次要的。白头海雕的救星是那些不仅关心海雕，也关心许多其他物种的人。他们扩展了保护的概念，把我们人类也包括其中。

美洲鹤，与白头海雕一样名列"1967级"，是第一批受《濒危物种法案》保护的鸟类、兽类、鱼类和两栖爬行动物。与白头海雕不一样，美洲鹤仍然处于危急状态。

北美现有六百六十七只自由飞翔的美洲鹤，比20世纪40年代初记录的历史最低点的十五只多出许多倍，然而，这还不足以判定该物种已经恢复，甚至未能免于即将灭绝的风险。在得克萨斯州和加拿大之间迁徙的美洲鹤已经增加到五百零四只，但仍然受到偷猎者的威胁，而且由于海平面上升，越冬地越来越盐碱化。

罗伯特·艾伦担心圈养繁殖将摧毁美洲鹤，要么杀死仅存的少数个体，要么抹杀集体迁徙的能力。这两种担忧都没有出现，但是再微小的成功也需要智慧和坚持。20世纪70年代中期，威斯康星州的国际鹤类基金会收养了一只圈养的母鹤泰克斯，其血统可追溯到20世纪中叶美洲鹤种群崩溃之前。基金会创始人之一乔治·阿奇博尔德知道泰克斯带有罕见的遗传基因，决心让它繁衍后代。但泰克斯非常习惯人类的陪伴，拒绝与另一只鹤配对。阿奇博尔德并不气馁，毛遂自荐出任替代配偶：他在泰克斯的围栏外摆了一张桌子，整天陪伴在她身边，甚至学会了美洲鹤的求偶舞蹈，戏剧性地拍打翅膀，以及深深地弯曲膝盖。阿奇博尔德扮演雄鹤整整四年，终于成功给泰克斯人工授精。她最终产下一枚受精卵，孵出一只虚弱但健康的幼鸟"哎呀天哪"（Gee Whiz）。

到 20 世纪 80 年代，美洲鹤在圈养条件下配对和繁殖已成常态，但圈养个体还没有准备好像祖先那样在大陆上旅行。当时，加拿大艺术家和发明家比尔·利什曼（Bill Lishman）教会一群圈养的雁伴随他的超轻型飞机飞行。鹤类保护者得知后，立刻询问利什曼是否能教会美洲鹤迁徙。在接下来的十年里，利什曼及其"迁徙行动"团队与很多人

1982 年，乔治·阿奇博尔德和他的"伴侣"泰克斯在国际鹤类基金会的场地上。

合作，成功训练圈养的雁、黑嘴天鹅和沙丘鹤跟随超轻型飞机飞行。每到秋季，飞机陪同鸟儿南下，第二年春季它们自行返回北方，独立飞行数百英里。

2001年10月一个霜冻的清晨，三架明黄色的超轻型飞机从威斯康星州内吉达国家野生动物保护区升空，八只年轻的美洲鹤紧随其后。为了防止它们对人类产生印记行为，这些美洲鹤都由身穿白袍的看护人员养大。它们已经成功完成过几次短途飞行，但没人知道它们能否完成南下的旅程，更不用说在无人陪伴的情况下返回威斯康星州。

这些鹤的目的地是位于佛罗里达州海湾的查萨霍维茨卡国家野生动物保护区。整个旅程为期四十八天，长达一千二百英里，一只鹤在风暴中丧生。当年冬天，山猫杀死了两只。但第二年春季，五只健康的圈养美洲鹤返回威斯康星州。许多人认为"迁徙行动"创造了奇迹。

美洲鹤、白袍看护人和空中飞行教官，一下子举世闻名。每一年，各年龄段的学生都会在教室里跟随新一批年轻的鸟儿踏上南飞之路。到2010年，大约有一百只美洲鹤往返于佛罗里达州和威斯康星州之间，而且已经有几对鹤孵出幼鸟。终于，人类似乎找到了饲养美洲鹤的方法，这些美洲鹤知道如何成为美洲鹤，以及如何避免被灭绝。

然而，参加"迁徙行动"的鹤在圈养过程中仍旧缺失了一些重要的课程，随着时间推移，这种缺失带来的后果越发明显。在佛罗里达州，圈养的成年鹤离开巢穴，让雏鸟暴露在天敌面前，成鸟对后代生存技能的教导断断续续。在十年的超轻型飞机放归过程中，新的迁徙种群中只有十只雏鸟活到了换羽。

与鹤类基金会和"迁徙行动"合作的是鱼类和野生动物管理署，后者对所有圈养美洲鹤拥有法定权力。2016年初，鱼类和野生动物管理署终止了超轻型训练飞行。白袍看护人也被取消，代之以进一步减少人类与圈养鸟类接触的技术，比如直接将成鸟养育的雏鸟放归到自由活动的鸟群中。截至2019年底，鱼类和野生动物管理署共放归了四十二只成鸟养育的雏鸟。其中二十三只已经死亡，大多死于天敌、与车辆或电线相撞；五只活到可繁殖年龄；两只孵出了幼鸟，但没有一只幼鸟活到换羽。

为什么一个物种成功恢复，另一个物种还在苦苦挣扎？我们很难有简单的答案。在变得跟美洲鹤一样极度濒危之前，白头海雕的主要威胁已经被消除了；白头海雕也比美洲鹤更具适应性，对栖息地不那么挑剔，繁殖速度更快。白头海雕在美国本土的恢复，确实得益于圈养繁殖，但主要依靠的是其自身的力量。换句话说，拯救白头海雕是通过环境主义策略完成的，而拯救美洲鹤必须从人工饲养开始。

"这种鸟不向我们妥协，也不能调整生活方式以适应人类，"1952年，艾伦在关于美洲鹤的专著中写道，"这种不妥协出于它的本性，即使我们给它机会，它也不能。而我们并没有给它们机会。"亿万年来，物种一直面临缓慢渐进的选择压力，正是这种压力不断创造和灭绝物种。不可能从选择压力中完全消除利奥波德所谓的生物暴力的影响，但艾伦怀疑美洲鹤不管适应还是妥协都是错的。"我们把美洲鹤挑出来延续其生存，是出于我们自己的理由，"他警告说，"有可能大自然已经决定让它滑入最终毁灭的深渊。"

对于美洲鹤的韧性，以及人类确保其韧性的能力，乔治·阿奇博尔德比艾伦更为乐观。阿奇博尔德和研究生同学罗恩·索依（Ron Sauey）创立国际鹤类基金会时，全球许多鹤类都处于此类困境，而圈养繁殖是基金会的主要策略。一位俄罗斯合作者曾将五枚西伯利亚鹤的蛋装入塞满热水瓶的手提箱，交给索依从莫斯科带回美国。（一只幼鸟在途中孵出，取名"俄罗斯航空"。）如今，一些鹤摆脱了濒临灭绝的危险，阿奇博尔德和鹤类基金会的同事可以投入更多时间，改善乌德尔所说的整体环境——鹤类和其他物种繁衍所需的栖息地。

这个基金会的美洲鹤项目仍然专注于圈养繁殖，但也在保护和恢复得克萨斯及其他地区的美洲鹤栖息地，还继续开展全国奥杜邦协会于20世纪40年代开启的猎人教育工作。阿奇博尔德见证了许多鹤类的恢复。他相信总有一日，美洲鹤也会跨过门槛，进入相对安全的状态。他希望届时能做好准备。"我们做对了的时候，"他笑着对我说，"会有很多鹤回来的。"

今天，圈养繁殖可能是最知名的物种拯救方法，它取得了令人难忘的成就：一只新放飞的加州神鹫在亚利桑那州北部的朱砂崖上自由翱翔；一群熊猫幼崽在打滚嬉戏；一群无畏的美洲鹤在一架超轻型飞机后面飞行。但是，罗伯特·艾伦指出，这些圈养繁殖工作令人兴奋的戏剧性，很大程度上是因为高回报和实实在在的风险。即便是献身圈养繁殖的工作者也承认，这已是别无选择的绝地反击，算得上是保护工作中的重症监护。

和重症监护一样，圈养繁殖的费用是无底洞。像国际鹤类基金会这样的组织，很大程度上是由私人捐款支持的。可以肯定的是，能持续几十年投入高风险的保护工作的公共资金是有限的。20 世纪 60 年代，帕图森特野生动物研究中心建立美洲鹤繁育项目，从森林野牛国家公园的鸟巢中收集鸟蛋。2017 年底，失去政府资助后，研究中心将大部分鹤转移到私人设施中。早在世界自然保护联盟将保护运动的注意力转向高度濒危物种之前，北美就已建立了自己的野生动物保护模式。这种模式是利奥波德等人构想的，目的是保护野生猎物和其他数量繁多、能在野外生存的物种，而不是支持长达几十年的圈养繁殖。

当斯图尔特·乌德尔离开内政部时，他知道物种面临的威胁——有形的和无形的，直接的和间接的——都正在增加。他为保护"美国的整体环境"而帮助制定的《濒危物种法案》，不过是万里长征的第一步。要取得更多进展，需要将生态学原则更加前后一致地应用于政策。他认为，这需要生态学家投身政治。

1971年，乌德尔发表题为《被围困的象牙塔》的文章。乌德尔声称，他宁愿看到科学家"在行动主义和偶尔的'夸大'上犯错"，也不愿扼杀他们应对环境危机的能力。"我们需要他们对污染人类栖息地和滥用资源表示愤慨，同时我们也需要他们提出更好的解决方案，"他写道，"我们需要那些敢于扩展他们的思想，并将专业知识与人类整体事业联系起来的科学家。"

愤慨的科学家已经走出象牙塔。"合格的生物学家正在生物学与社会科学、人文学科的交叉领域打造一门学科。"1970年，生物学家大卫·恩菲尔德（David Ehrenfeld）写道。这门新学科的从业人员自称保护生物学家。他们会发现这个领域非常重要，但也非常不平静。

第七章

逃出象牙塔的科学家

1978 年 9 月的一个傍晚，在加州圣迭戈动物园露天
野生动物馆，一门新兴生物学科的教授迈克尔·苏莱
（Michael Soulé）向听众发表演讲，连动物园的狮群都听得
见。科学家和专业保护人员齐聚一堂，边用餐边听四十出头
的苏莱警告说，世界正处于恐龙之后最大规模物种灭绝的边
缘。他提议建立新的学科，将野生动物生物学、生态学、进
化生物学和其他专业的经验教训共同应用于紧迫的保护问
题。他说，只有阻止理论与实践之间的差距不断扩大，科学
才能给人类提供正确对待其他物种所需的工具。

　　苏莱演讲的场合是第一届国际保护生物学大会。会议名
称看似乐观，不过苏莱的听众大多清楚地意识到，人类造成
物种灭绝的威胁与日俱增。大多数人乐见解决问题的新方
法，但这门新兴学科仍引起一些质疑：野生动物学家认为，
这是自己领域改头换面的时髦货，只不过伪装更多、数据更
少；生态学家不理解进化论对保护有什么贡献；还有研究
人员认为，苏莱把保护生物学称为"危机学科"，听起来过
于政治化，太像是低劣科学的说辞。

好在诋毁者为数不多，许多研究人员相信危机学科可以产出严谨的科学，也乐意为保护而合作。那些因为关心其他物种的命运而学习生态学或进化生物学的学生，把保护生物学看作提高自身研究重要性的机会。私人和公共资助者则被"基于科学的保护解决方案"这种前景所吸引。

在《寂静的春天》出版后的几年里，诸如食物网之类的生态学原理广为人知，以至于人们有时把环境运动称为"生态学运动"。但是，很少有专业的生态学家试图影响环境或改变保护政治。而保护生物学有望改变这种局面。

"学科并非逻辑构想，"苏莱写道，"它们是社会的产物。当一群人同意以一个组织和一套话语为他们的利益服务时，一个新的学科就会出现。"换句话说，有足够多的人决定称自己为保护生物学家时，保护生物学就出现了。他们当时并不知道，这门新学科将揭示生物学的局限。

"想想吧，如果以动物学和自然研究为职业的男男女女中，有一半人能够选择将保护作为自己的事业，这将意味着什么？"1914 年，威廉·霍纳迪在耶鲁大学林学院的一次演讲中大声疾呼。他感叹道，尽管一再呼吁，再三招徕，但"还有 90% 的美国动物学者只顾埋首案牍，宁可思考无边无际的学问，探究高深莫测的问题，也对野生动物保护一线工作不染一指，举手之劳而不为"。作为保护事业的盟友，他唾弃动物学者们"麻木、冷漠得无可救药"。

当然，霍纳迪一如既往地夸大其词，但长期以来，许多动物学者和博物学者确实与保护事业保持着距离。1663年，英国皇家学会成立时，博学的英国科学家罗伯特·胡克（Robert Hooke）指出，科学家通常倾向于避免"插手神学、形而上学、道德、政治、语法、修辞或逻辑"。动物学者和博物学者也是如此。科学家们认为，公开表达政治观点会影响他们对现实的看法和研究的质量，也许同样重要的考量是，这样做会威胁到他们作为冷静的科学家的声誉。

阿尔弗雷德·拉塞尔·华莱士（Alfred Russel Wallace）对进化的洞察曾经震惊查尔斯·达尔文，敦促后者发表酝酿多年的理论。1863年，华莱士警告同事"耕作方法的进步必然会灭绝无数种生命"，但并没有鼓励博物学者为这些物种发声，而只是建议为后代"完美地保留"动植物标本。二十年后，类似的倾向促使霍纳迪去猎杀幸存的平原野牛。

到19世纪末，大西洋两岸一些专业鸟类学者加入反对鸟羽贸易的运动。他们奋力保护的，不仅有"完美地保留"中的物种，也包括活生生的鸟类。然而，其他鸟类学者避免"插手政治"，部分原因是担心保护法规会限制他们出于研究目的的杀死和保存鸟类。

维克多·谢尔福德（Victor Shelford）是最早投身一线保护的生态学家之一。他是伊利诺伊大学的教授，专门研究动物和植物群落。1915 年，谢尔福德帮助成立美国生态学会，之后不久，他在学会中设立保护委员会，致力于保护公园和国有森林的"自然状态"。谢尔福德自视甚高，为人低调，但仍然孜孜不倦，热心地完成使命。他一方面争取吉福德·平肖的支持，同时要求国家公园管理局和美国林务局认真对待科学。1921 年，保护委员会联合主席、动物学家弗朗西斯·萨姆纳（Francis Sumner）在《科学》杂志上撰文呼吁增援："我希望，更多的科学领袖挺身而出，成为保护运动的领袖。"然而，生态学会执行委员会担心，谢尔福德经常与立法者和官僚打交道，会对学会产生负面影响，于是限制并最终取消了保护委员会的权力。

谢尔福德并没有被吓倒。1944 年，他在《科学》杂志上写道："人类社会支持研究工作，同时也要求科学工作者和科学团体肩负起应用其知识的责任，这是每一个以研究为己任的科学团体都应该履行的义务。"

1946 年，谢尔福德和他的支持者成立致力于保护"生物群落"的独立组织：生态学者联盟（Ecologists Union）。谢尔福德没能看到保护生物学的诞生，但见证了生态学者联盟早期的快速发展，也足慰平生。1947 年底，奥尔多·利奥波德在去世前四个月，向该联盟邮寄了自己的会费，不久后出任美国生态学会主席，可惜任期很短。今天，该联盟的科学家超过四百人，在七十九个国家开展工作，在全球各地累计保护超过 1.25 亿英亩的土地。1951 年，该联盟改名大自然保护协会（Nature Conservancy）。

20 世纪 90 年代，苏莱结束学院生涯，从加州退休，搬至科罗拉多州西部的农村定居，直到 2020 年 6 月去世。他和妻子简住在一栋紧凑的平房里，从住处能够眺望落基山，欣赏山麓风景。我有幸在他生命的最后十年里，跟他做过几年邻居。我们的房子只隔着一片浇灌的牧场和一小段土路。苏莱身形瘦削、光头、五官棱角分明、目光清澈，像一位僧侣。他容易被激怒，但也有消除敌意、愉快交往的能力，经常会在听见笑话，或面对窗外的小鸟时闪过调皮的微笑。

他很容易哭泣，这让他颇为尴尬，但偶尔也会有用。小到一只海龟的死亡，大到大规模灭绝的悲剧，都使他哽咽。他经常说，真正困扰他的不是死的彼岸，而是生的终结——进化的终结，可能性的消亡。

在他家里书房的架子上，摆着一个简易黄铜显微镜，这是他母亲很久以前送给他的礼物。20 世纪四五十年代，苏莱在加州圣迭戈附近的太平洋沿岸长大。他在居所附近茂密的蒿丛和矮栎林中探险，采集树叶和水滴，放到显微镜下观察。"我只需躺倒，透过漆树树荫向上看，就感觉非常自在。"他告诉我。

他的直系亲属中没有自然学者，但母亲和继父——生父在他两岁时去世了——鼓励他发展自己的兴趣，不仅买了一台显微镜，还允许他在房间里养蜥蜴，甚至一度养了一只獾（事实证明，那只獾无法无天，他不得不把它送回沙漠）。自幼年起，对科学的好奇心和对其他生命形式的浓情，就一直在驱动他。"当我到一个生机勃勃的地方，顿时神清气爽；周围没有生物的时候，感觉就很糟糕，"他曾经反思道，"这是不理性的。"

苏莱十几岁时，一位高中老师建议他参加当地博物馆的初级自然学者项目。在那里，苏莱和朋友们研究鸟类和蜥蜴，就像其他孩子研究棒球统计数据。他们去海边调查潮汐池，采集鲍鱼。到了可以开车的年龄，他们越过边境进入墨西哥，寻找陌生的爬行动物。有一次，他和同伴还把一瓶非法朗姆酒藏在一袋响尾蛇下面，成功偷运回来。在车上，他们争先恐后地识别植物或动物，大声喊出其拉丁学名。

尽管这些探险充满快乐，苏莱仍然把自己看作局外人。他推测，可能是因为在外来人口聚居的社区里，他家是唯一的犹太家庭。那时候，不止一个房地产经纪人拒绝向犹太人出售房屋。无论什么原因，这种局外人的感觉保留了下来，并成为苏莱的职业优势。科学家一般与其本职工作保持着距离，但苏莱更进一步，开始分析审视科学建制。像利奥波德一样，他后来加入许多有名望的机构，努力从内部颠覆。

在职业生涯早期，苏莱一心想的不是拯救世界，而是了解世界如何运作。他对解剖学特别着迷，好奇生物体如何组合在一起，对个体和物种之间的物理差异颇感兴趣。他靠研究加利福尼亚湾岛屿上的侧腹蜥蜴种群，在斯坦福大学取得博士学位。他发现，跟偏远小岛上的同类相比，靠近大陆的较大岛屿上的蜥蜴有更多的表观变化。运用早期的遗传分析方法，苏莱证明，蜥蜴种群内部的体征变异——例如右眼周围和后脚趾的鳞片数量——与遗传变异水平相对应。

　　当时，苏莱在探索岛屿生物地理学理论。几年前，数学功底深厚的生态学家罗伯特·麦克阿瑟（Robert MacArthur）和同事爱德华·O. 威尔逊共同提出该理论。在华莱士长期观察东南亚岛屿得出结论的基础上，麦克阿瑟和威尔逊进一步提出，岛屿的面积和物种迁入率决定了岛上的物种数量：距离大陆较近的大岛上迁入的物种更多，物种变异更多，而灭绝更少，因此可以支持数量更多的物种。为了检验该理论，威尔逊带领研究生丹尼尔·辛伯罗夫（Daniel Simberloff）在佛罗里达群岛的七个小岛上毒死了所有的蜘蛛和昆虫，然后观察它们重新占据小岛的情况。苏莱的研究发现，岛屿生物地理学理论不仅适用于物种多样性，同样适用于遗传多样性。事实证明，对于保护岛上和岛外的物种，这两种多样性都很重要。

　　到 20 世纪 60 年代初，苏莱在加利福尼亚湾数蜥蜴鳞片的时候，公众对地球面临危机的感受不断升级。

第二次世界大战暴露了全球面对饥荒和疾病时的脆弱。费尔菲尔德·奥斯本和威廉·沃格特在 1948 年发表的两篇大作中，生动地列举了这些脆弱性。许多欧美人都认为，地球比以往任何时候都要脆弱。

生物学家保罗·埃利希（Paul Ehrlich）是苏莱在斯坦福大学念研究生时的导师，他有同样的危机感。埃利希在新泽西郊区长大，童年时代就对蝴蝶非常着迷。高中时，他为纽约美国自然历史博物馆蝴蝶馆的馆长工作，换取被丢弃的标本。根据自己的研究，埃利希知道，蝴蝶数量会一直增长，直到食物或空间短缺，或遭受疾病暴发的打击，从而发生种群崩溃。

在大学时代，埃利希就读过奥斯本和沃格特的书。他们对资源短缺迫在眉睫的描述，让他和许多人相信，人类正走向类似蝴蝶的崩溃。1968 年，应塞拉俱乐部时任秘书长大卫·布劳尔（David Brower）的邀请，埃利希和妻子安妮共同撰写了一本书，讨论这个问题。这本畅销书的书名成为久负盛名的隐喻:《人口炸弹》(The Population Bomb)。

埃利希觉得这个标题耸人听闻——最初他想起名《人口、资源和环境》——但用斯图尔特·乌德尔的话来说，他愿意"在偶尔的'夸大'上犯错"。在此书开篇，埃利希夫妇讲述了乘坐出租车穿过德里拥挤街道的情景，纯粹的沃格特风格:"街道似乎因为有人而成活。人们在吃饭，人们在洗澡，人们在睡觉。人们参观、争吵、尖叫。人们随地大小便。人们紧紧攀附在巴士上。人们赶着动物。到处都是人，人，人，人。"

一开始，《人口炸弹》关注寥寥。但埃利希并非寻常科学家，他在聚光灯下挥洒自如，金句迭出，他坦率的警告很快吸引了大量读者。"这真的很简单，约翰尼。"埃利希多次参加《今夜秀》节目，有一次他对约翰尼·卡森说，人多了，意味着每人分到的食物少了，饥荒就多了。"要避免饿死数百万人的饥荒，已经为时太晚。"

人口数量对地球生物的命运有多重要？埃利希雄辩的声音放大了由来已久的争论。与赫胥黎兄弟一样，埃利希总体上接受了 18 世纪教士托马斯·罗伯特·马尔萨斯的预测：除非另有控制手段，否则人口数量将呈指数增长，直至遇到饥荒而止步。与此同时，马尔萨斯的批评者认为，现代人类可以通过技术进步规避灾难，减少对其他物种的影响。

埃利希频繁在媒体上亮相，令经济学家朱利安·西蒙（Julian Simon）沮丧不已。1981 年，西蒙公开挑战这位生物学家及其盟友，邀约就未来的原材料价格打赌。如果价格下降或保持不变，意味着社会繁荣，那就是西蒙获胜；如果价格上涨，意味着资源短缺，则埃利希获胜。"怎么样，末日论者和灾难论者？先到先得。"西蒙在《社会科学季刊》上写道。埃利希和密友兼合作者约翰·霍尔德伦（John

Holdren）、约翰·哈特（John Harte）立刻应战，打赌铬、铜、镍、锡和钨的价格将在 20 世纪 80 年代末上涨。最后西蒙赢了，赚了 576.07 美元——这是金属价格下跌金额的总和。

如果赌约换成其他商品，或是放在其他时期，那么埃利希、霍尔德伦和哈特本也有不少轻松胜出的机会，不过西蒙对马尔萨斯的质疑终究是正确的。埃利希夫妇出版《人口炸弹》时，高产作物新品种已经开始推广到世界各地。从 1960 年到 2000 年，农业"绿色革命"使贫困国家的小麦收成增加了两倍，水稻和玉米的收成增加了一倍以上。虽然单一作物和合成肥料造成了新的环境问题，也导致在政治和经济上对粮食供应的集中控制，但不管怎么说，农业丰收给马尔萨斯循环按下了暂停键。

这并不是说，人类或其他物种能对极限免疫，只是这些极限并不像我们有时假设的那样恒定。承载力——这个沃格特和利奥波德关注的生态学概念，很难量化或保持稳定，特别是跟人类有关的时候。任何特定环境养活人类的能力，都会随着时间的推移而变化，也受到环境本身的影响。例如，"绿色革命"大幅增加全球粮食供应，但战争、腐败、极端气候以及财富和权力的不平等，仍然具有破坏性，足以造成区域粮食短缺。同样，任何特定个体对环境的影响，也因其富裕程度、技术获取多少和个人选择而不同。

2009 年，地球系统科学家约翰·洛克斯特罗姆（Johan

Rockström）及其同事提出"地球边界"的概念——全球承载力概念的另一种提法。洛克斯特罗姆供职于斯德哥尔摩恢复力研究中心，他和同事没有使用食物供应来估计地球承载人类的能力，而是研究使地球适合人类居住的基本过程和资源（包括水循环、氮循环和碳循环等），估计它们对破坏的容忍度。然后，研究人员使用容忍度来定义"人类安全的操作空间"。研究结果发表于《自然》杂志。文章警告说，人类对化石燃料的使用已经扰乱全球碳循环，破坏了气候的稳定；"绿色革命"所推广的合成肥料已经使氮循环超载，污染水道，杀死海洋生物；人类造成的物种灭绝正在考验生态系统的恢复力。

西蒙称埃利希及其同道为"末日论者和灾难论者"。这些人对地球边界有一种先知先觉的尊重，而且认识到随着人口的增长，人类正加速抵近这些边界。但是，他们低估了技术缓解危机的潜力，也低估了人类的个人选择，特别是关于生殖的选择。"千千万万对夫妻出于自身利益决定自己的家庭规模，我们不能指望这些决定会自动控制人口以造福社会，"1967 年，社会学家金斯利·戴维斯（Kingsley Davis）在《科学》杂志上写道，"相反，他们有充分的理由不控制人口。"

当时，埃利希夫妇衷心同意这种观点。"不发达国家的情况令人沮丧，哪里都一样，人人都想要大家庭，"他们在《人口炸弹》第一版中写道，"他们希望家庭规模不断扩大。"马尔萨斯认为，欧洲的"预防性检查"，包括推迟性生活所需的"道德约束"，要比"世界上较不文明的地方"更为普遍。

然而，持续近半个世纪的自愿计划生育项目推翻了这些观点。这些项目降低了出生率，改善了全球妇女和儿童的整体健康状况。如果同时给女孩创造更多的教育机会，效果尤为明显。在孟加拉、肯尼亚、印度尼西亚和伊朗等国家，政府通过扩大和加强官方认可的生育健康服务，有效降低了平均家庭规模和人口增长率。1996 年，伊朗什叶派领袖阿里·哈梅内伊宣布："如果智慧告诉你，你不需要更多孩子，那么切除输精管是被准许的。"

20 世纪 70 年代中期，印度强制开展人口控制运动，其间有八百多万妇女和男子接受绝育手术。这项措施侵犯了人类的基本自由，造成可怕的意外后果；而且随着时间的推移，其效果并不如自愿措施。1994 年，联合国在开罗召开国际人口与发展会议，共有 179 个国家的代表与会。代表们口头表决，认可"妇女控制自己生育的能力"是任何人口计划成功的关键。

根据联合国的预测，全球人口增长将在 2100 年趋向平稳。研究表明，要让增长曲线尽快平缓，最可靠的方法是在巴基斯坦、尼日利亚、刚果民主共和国、坦桑尼亚、埃塞俄比亚和安哥拉等国家投资计划生育项目和女童教育。到本世纪末，这六个国家的新增人口将占世界人口增长的一半以上。

回顾过去，埃利希说《人口炸弹》应该强调妇女权利的重要性，并明确拒绝种族主义。"我们知道提升性别平等和种族平等才是效果最好的，"他告诉我，"如果你想在人口问题上有所作为，就给妇女充分的权利和机会，包括堕胎的机会。"他还希望自己和安妮当时能强调，不仅要减少人口总数，还要减少富人的资源消耗率。

然而，埃利希夫妇坚持他们的警告：地球生产的食物和支持人类的能力是有限的，忽视它的极限，我们将陷入险境。2015年，对地球边界框架的更新证实，人类仍在接近甚至超越了这些极限。

《人口炸弹》出版几个月后，生物学家加勒特·哈定（Garrett Hardin）在《科学》杂志上发表《公地悲剧》，支持埃利希的新马尔萨斯主义论点。哈定认为，任由自行其是，人类必将以极迅速的繁殖和无节制的竞争，将所有可用的资源消耗殆尽，这一悲剧不可避免。至于强制措施，埃利希认为如果自愿手段失败，那么强制措施可能是必要的，而哈定拥护强制措施。"繁殖自由是不可容忍的"，唯一的解决办法是"相互强制，共同商定"。哈定像沃格特一样公开反对向贫穷国家提供粮食援助："不节俭和无能力的国家，以节俭和有能力的国家为代价去增加人口。分享公共资源的所有国家，最终会走向毁灭。"他把富裕国家比作救生艇，接受乘客太多就会沉没。某种程度上，埃利希也同意这种观点。

然而，公地悲剧并非不可避免。哈定的批评者将论证，在很多种规模和情况下，人们有能力互利合作。诺贝尔奖获得者、政治学家埃莉诺·奥斯特罗姆（Elinor Ostrom）便是哈定的批评者。（奥斯特罗姆及其同事认为，哈定所谓的悲剧其实只是一出结局开放的戏剧。）但"公地悲剧"和"人口炸弹"这两个隐喻，久盛不衰得令人不可思议。二者都将继续发挥巨大影响，不仅对保护生物学，对整个保护运动也是如此。

对埃利希在斯坦福大学的研究生来说，他是无为而治的导师。"他从来不清楚我的博士论文到底是关于什么的。"苏莱告诉我，但埃利希会确保学生拥有研究所需的实际支持和知识技能。"保罗教我如何像科学家那样思考，"苏莱说，"他不会让任何思维马虎的学生漏网。"埃利希鼓励学生们到学科之外探险，向他们灌输他的紧迫感。他预测不加控制的人口增长不仅迟早会带来大范围的饥荒，还会导致其他物种的大规模灭绝。

博士毕业后，苏莱在加州大学圣迭戈分校找到教授职位，于是回到了家乡。这个城市在不断发展，道路和房屋填满了许多他小时候追赶蜥蜴的峡谷。对他来说，这些变化就是整个世界的缩影。他更加坚信埃利希对灭绝的看法是正确的。

20世纪70年代中期，奥地利小麦遗传学家奥托·弗兰克尔（Otto Frankel）与苏莱取得联系。在职业生涯的大部分时间里，弗兰克尔都在论证保存农作物遗传多样性的重要性：不仅要建立种子库，还要在实际栽种中保存遗传多样性。弗兰克尔担心，基因单一的绿色革命作物，容易受到疾病和虫害爆发的影响，难以适应不断变化的环境，并将危及他在更多地方性作物品种中发现的"变异宝藏"。事实证明，弗兰克尔的担心是正确的。他认为非驯化物种的遗传多样性对这些物种的生存可能同样重要，于是决定与苏莱联手。

苏莱是倾向研究理论的科学家，而弗兰克尔是"应用"科学家，为农业、野生动物管理和其他领域的现实问题寻求解决方案。无论是过去还是当前，这两类科学家都存在文化分歧。一些应用科学家认为理论家是不切实际的势利小人；一些理论家则认为应用科学家是缺乏想象力的苦力。然而，许多最具创新性的科学家已经弥合了这种分歧。接受应用科学训练的利奥波德，毫不犹豫地将生态学理论纳入自己的工作中，而苏莱也同样欢迎与弗兰克尔合作的机会。"我当然想成名，就像每个科学家一样，"苏莱笑着告诉我，"但我并不关心它是应用型还是理论型，我从来没有这种偏见。"

少年时代的苏莱，如饥似渴地学习植物和动物的名字。一位年长的自然学者当时指点他说："如果有疑问，就数一数。"到苏莱与弗兰克尔合作时，他对计数在物种生存上的重要性，有了理性和直觉的理解，不管要数的是人还是岛屿，抑或是蜥蜴脚趾上的鳞片。当足够多的个体拥有足够多的资源（食物、水、空间），能够持续维持变异时，物种才能适应和生存。但多少才算足够？苏莱知道，这个问题可以单独成为一个科学领域。

如果有这样一个领域，该如何命名？埃利希的专业是种群生物学，这门学科提出了类似的问题，但目的不同。有一天，苏莱在洗澡时想到了答案。他想把它称为保护生物学。

苏莱在圣迭戈动物园的演讲，宣告了一门新学科的开始，但对苏莱而言，这也是一次告别。第二年，他辞去终身教授职位，放弃房子，与妻子和三个年幼的孩子搬到洛杉矶禅修中心。

苏莱一直有其自谓"灵性的一面"，一种与其他生命融为一体的感觉。他被禅宗强烈吸引。然而，到禅修中心后，他又很难适应洛杉矶的烟雾和噪声。几个月后，他变得烦躁不安。"我意识到，我不想成为全职宗教人士，我想要成为全职科学家。"他告诉我。与此同时，他的妻子想继续投入禅宗实践。最后，苏莱与妻子离婚，离开禅修中心，回到圣迭戈，但与妻子共同分担育儿责任。此后，苏莱仍然是虔诚的禅宗弟子，他的前妻简·朝珍·贝斯（Jan Chozen Bays）目前是俄勒冈一个佛教寺院的共同住持。

苏莱曾经故意关闭学术生涯的大门，现在不得不重新撬开。他返回加州大学圣迭戈分校，在他十年前的雇员迈克尔·吉尔平（Michael Gilpin）的实验室做了大约一年无薪助理。1984年，苏莱拿到密歇根大学的教职，不过只能拿半薪。第二年，他组织召开第二届国际保护生物学大会。此时，距离第一届大会已经过去了近七年。在大会最后一天，与会者投票决定创办一个学会，支持新生的领域，而苏莱则负责将其变为现实。

此后，该学科迅速形成。保护生物学会成立六年时，已经有五千名科学家会员，而历史长达七十年的美国生态学会也不过六千五百名会员。各个大学至少推出了十六门保护生物学的专业课程。

保护生物学的发展，得到另一个保护概念的帮助。这个概念跟保护生物学几乎同步出现，甚至更受欢迎。1985年，哈佛大学昆虫学家、岛屿生物地理学理论的共同创立人爱德华·O. 威尔逊发表学术论文《生物多样性危机》。威尔逊当时不仅是众望所归的科学家，还是出色的作家和传播者。他像埃利希一样，愿意花时间在聚光灯下；也像苏莱一样，愿意公开宣告自己对其他物种的爱。作为昆虫学家，他还非常清楚地意识到，科学所描述的近两百万个物种，仅仅是地球多样生命的九牛一毛。

威尔逊在文章中论证道，迫切需要完整的物种编目，不仅因为编目具有科学价值，还因为编目的原材料正受到威胁。"在最好的条件下，"他写道，呼应苏莱在圣迭戈的号召，"多样性的减少似乎注定接近古生代和中生代末期的巨大自然灾难，换句话说，这是六千五百万年来最为极端的灭绝事件。"

公众，甚至许多科学家，都偏好毛茸茸的大型脊椎动物，不过威尔逊是研究蚂蚁群落的学生。他知道一些最奇妙的生命形式也是最微小的。不起眼的物种也很重要，因为它们在生命的大网中有着独特的地位，共同组成物种多样性。"可能仍然有人认为，了解一种甲虫就等于了解所有甲虫，或者至少足以应付差事，"威尔逊写道，"但物种并不像分子云中的分子。物种是独特的生物种群，是几千年甚至几百万年前分离出来的一个血统的末端。"

1986 年 9 月，史密森学会和国家科学院在华盛顿特区召开全国生物多样性论坛。生物多样性（BioDiversity）这个缩略语，最早是由生物学家沃尔特·罗森（Walter Rosen）提出的。威尔逊起初认为它"过于华丽"，拒绝使用，不过很快就认识到它的简洁有力。在论坛上，数十位杰出的生物学家、经济学家、哲学家和专业保护人士纷纷发言，谈论从雨林生态学到濒危动物的人工授精等主题。新闻界对论坛做了大量报道。在论坛最后一个晚上，威尔逊、埃利希、联合国环境规划署的琼·马丁－布朗（Joan Martin-Brown）以及其他知名科学家之间的讨论，通过广播传递给北美各大学中成千上万的学生。

"生物多样性是人类最宝贵的资源，也是迄今为止最受忽视的资源，"威尔逊告诉虚拟听众，"生物多样性危机——我们指的是全球各地物种和遗传品系的加速灭绝——是真正的危机。请记住：在未来几年我们可能遭受的所有损失中，这是唯一不可逆转的危机。"当埃利希就限制人口增长的必要性发表意见时，威尔逊戏谑地支持道："在人口问题上，保罗是出了名的党派人士。我认为这个问题应该增加另一种声音。我要说的是，我认为他百分之百正确。"

公众很快接受了生物多样性的重要性。1992年，各国在里约热内卢地球峰会上签署《生物多样性公约》，将这个概念写入国际治理文件。反应迟缓的科学机构也接受了这个术语。检索综合科学索引可以发现，1981年没有一篇论文提到生物多样性；1982年只有七次；到2005年，生物多样性被提到近四千次。

历史学家提摩西·法纳姆（Timothy Farnham）写过，生物多样性的概念是强大的"调解者、促进者和催化剂"。生物多样性包含了保护主义和环境主义运动激增的关注点；

猎人、荒野活动家、动物福利运动者以及清洁空气和水的倡导者，都能从生物多样性找到共通之处。与此同时，生态学者已经抛弃对"自然平衡"的长期依恋，认识到生态系统并不稳定，而是由各种干扰塑造而成的。生物多样性包括遗传多样性、物种多样性和生态系统多样性，它呼吁人们关注生态系统的动态性，为各类生态学家提供新的范式，引导研究平衡的学生转向研究多样性。

1985 年，苏莱发表文章《什么是保护生物学》。在文中，他列举了保护生物学者的"规范性公理"或共同信念：生物的多样性是好的（推论是，种群和物种的过早灭绝是坏的）；生态的复杂性是好的；进化是好的；生物多样性具有内在价值。苏莱没有提及利奥波德，不过这些公理算得上是保护生物学的土地伦理：当一件事倾向于保护生物多样性、生态复杂性和进化过程时，它就是正确的；当它导致不合时宜的灭绝时，它就是错误的。

苏莱提议根据这些公理指导保护生物学的工作，并衡量成功与否，不过他也承认，多样性的善"无法测试或证明"。自达尔文以来，科学家已经认识到，物种和种群中的个体多样性使这些群体能够适应和进化。弗兰克尔、苏莱和其他人的工作表明，遗传多样性非常重要。威尔逊在论文中论证，物种的全球多样性也很重要。有些物种可以为有价值的作物或药品提供原料，那些对人类没有实际价值的物种，也是进化史的独特宝库。但是，对于特定的森林、草原和其他生态系统的存续，物种多样性究竟有多重要？威尔逊和其他人都不能肯定。

长期以来，科学家一直怀疑，生态系统中物种的多样性，要比各个物种的简单相加和贡献要大。达尔文本人报告称，种植远缘草本植物（distantly related grasses）的土地，要比种植单一物种的土地产量更高。1958年，提出食物链概念的生态学家查尔斯·埃尔顿大胆猜测，相对简单的动植物群落，更容易受到他的朋友利奥波德所说的"生物暴力"的影响。然而，数十年的研究也未能断定，物种多样性与研究人员开始称呼的"生态系统功能"有何联系。

生物多样性概念的勃兴，吸引新一代研究人员探究悬而未决的深层问题。生态学者后来发现，在许多情况下，物种在生态系统中发挥互补作用，不仅能够提高整体生产力，还可以更好地抵御疾病和其他干扰。然而，生物多样性有很多种，它们对生命系统的影响多种多样，难以衡量，而且我们的了解还非常有限。"更多的生物多样性"并不是普适的保护处方。部分保护人士认为，生物多样性的概念过于宽泛和模糊，根本不可能成为处方。生物多样性很重要，但在某种程度上，它的善仍然是人们的一种信念。

第一代保护生物学者大部分时间都花在确定多少是足够

的：一个种群需要多少个体才能生存？一个保护区需要多大面积才能保护一个物种？这些问题与岛屿生物地理学的理论有关。这个理论认为，陆地保护区跟岛屿类似，生物多样性由保护区的面积和隔离程度决定。理论可以解答这些问题，然而它们是由现实世界的保护问题引起的。

在美国，20 世纪 70 年代通过的环境法案，诸如《国家环境政策法》《清洁空气法案》《清洁水法案》和《濒危物种法案》等，给政府机构制定了一系列新规则，其中许多规则要求提供科学指导。1979 年，《国家森林管理法》要求在国家森林中保持脊椎动物的"可存活种群"。美国林务局生态学家哈尔·萨尔瓦瑟（Hal Salwasser）知道，要界定这些种群的规模可不是件容易的事。20 世纪 80 年代初，他向苏莱寻求帮助。

几年前，苏莱和遗传学家伊恩·富兰克林（Ian Franklin）通过研究果蝇种群和牲畜繁殖，提出种群存活力的经验法则：短期生存需要五十只个体，长期生存需要五百只个体来维持多样性。苏莱很清楚，这条法则只是大致概念，远没有听起来那么精确。吉尔平还记得，当一些澳大利亚科学家打电话来询问四十八只鹦鹉的种群是否还有希望时，苏莱异常沮丧。萨尔瓦瑟的请求促使他思考更细致的方法。

第二年，苏莱和吉尔平开发出种群存活力分析（population viability analysis，简称 PVA）：根据特定种群的数量、栖息地特征和遗传变异性，预测该种群在不同时间段内的灭绝风险。看到苏莱和吉尔平展示的分析，萨尔瓦瑟大呼"有了"。美国西北部林务局的生物学家越来越关注北方斑林鸮需要多少原生林，现在它们终于有办法了（种群存活力分析，没法阻止一场史诗般的围绕斑林鸮的政治斗争，不过能用更可信的数字替代研究人员的粗略估计）。

然而，苏莱越深入研究物种的生存需求，越觉得问题错综复杂。20 世纪 80 年代，圣迭戈周围的峡谷长满了鼠尾草和橡树，苏莱带学生到峡谷里研究鹌鹑、走鹃、鹪鹩和其他鸟类。他们调查了三十七个峡谷，实际上每个峡谷都是开发海洋中的孤岛。结果跟岛屿生物地理学理论的预测一致：在面积较小、孤立时间较长的峡谷中，留鸟的物种多样性较低。"中型食肉动物释放"进一步放大了这些影响：郊狼放弃面积较小、较孤立的峡谷之后，大量浣熊、狐狸和家猫取而代之。郊狼只是偶尔捕食鸟类，浣熊、狐狸和家猫对鸟类的影响简直立竿见影。家猫，吃着稳定供应的商品猫粮，体力充沛，似乎是杀伤力最大的猎手。

结果表明，一个物种的安全活动空间不仅由保护区的面积和隔离程度决定，还受周围其他物种的行为和食欲所影响。此外，"边缘效应"也有影响：越靠近保护区的边缘，物种就越脆弱，大到风暴，小到家猫入侵，受各种干扰的影响也就越大。2008 年，热带生态学家威廉·劳伦斯

（William Laurance）发现，随着相关变量成倍增加，威尔逊和麦克阿瑟"讲究而重要"的岛屿生物地理学理论，显得"跟儿童动画片一样简单"。

保护区设计的科学研究越来越成熟，国家公园和保护区的政治也变得更加开明，但也更加复杂。朱利安·赫胥黎策划建立世界自然保护联盟几年后，保护人士野心勃勃，努力在更多的地方保护更多的物种，而国家公园是他们的首选"工具"。从1969年到1980年，列入联合国"国家公园和自然保护区"的总面积增加了一倍多，从约4.2亿英亩增加到近10亿英亩，约为巴西国土面积的一半。1980年，博茨瓦纳、坦桑尼亚、津巴布韦和卢旺达等非洲国家划为保护地的土地面积超过国土面积的10%。在保护运动早期的几十年间，海洋受到的关注相对较少，但威廉·比伯、蕾切尔·卡森和潜水先驱雅克·库斯托等雄辩滔滔的倡导者激发出公众对海洋保护的兴趣。到20世纪70年代中期，全球已经正式建立了一百多个海洋保护区，包括1975年建立的具有标志性意义的澳大利亚大堡礁海洋公园。

许多公园是国家的骄傲，有些公园是邻近居民的经济来源。然而，其他一些公园难免让人联想起19世纪末20世纪初的殖民地国家公园：由全国政府与国际保护团体合作建立，很少考虑生活在其中和周围的人们。1973年，在世界自然保护联盟和世界自然基金会的支持下，印度政府发起

"老虎"项目，建立了一系列保护区。"老虎"项目挽救了濒临灭绝的孟加拉虎，但也使成千上万的人流离失所。世界自然保护联盟和世界自然基金会的代表还试图阻止马赛牧民进入东非的国家公园和保护区。这些国际保护机构这才醒悟过来，破坏当地人的生计，就是给国家公园招引敌人。

20 世纪 60 年代末 70 年代初，经过《人口炸弹》和《增长的极限》之类书籍的警告，许多政治家和决策者相信经济发展的机会是有限的。《增长的极限》出版于 1972 年，这份流传甚广的报告预测，全球人均粮食供应将在 2020 年左右达到峰值。为了更公平地分得有限的蛋糕，穷国要求加强对自然资源的控制权。1972 年，联合国人类环境会议在斯德哥尔摩举行。曾抵制朱利安·赫胥黎《紧急状态宣言》的坦桑尼亚领导人朱利叶斯·尼雷尔，领头呼吁发布反对殖民主义和种族隔离的宣言。公园，已被视为殖民时代的遗留问题，开始被视为国家发展的障碍。

在国际保护运动内部，局势变得紧张。一些人认为，保护和经济发展不一定相抵触，保护原则可以且应该用来促进合理的发展。其他人坚持认为，保护运动应该继续专注创建公园和拯救物种，把人的问题留给其他人。世界自然保护联盟首席生态学家雷蒙德·达斯曼（Raymond Dasmann）在加州大学伯克利分校时，曾在利奥波德之子斯塔克门下研究鹿群动态。达斯曼认为，大多数国际保护组织采取自上而下的工作方法，这决定了它们的发展和保护工作都无法惠及最需要的人。

1975 年，在扎伊尔[1]首都金沙萨举行的会议上，世界自然保护联盟的内部争斗达到顶峰。大会由扎伊尔终身总统蒙博托·塞塞·塞科（Mombutu Sese Seko）主持，戒备森严的大院里从一开始就火药味浓烈。争斗如此激烈，与会者后来称之为"长刀之夜"[2]。世界自然保护联盟把领导层扫地出门，开始了一系列变革，继续实施"以保护促发展"的路线。达斯曼成功倡导一项决议，肯定在保护区管理中保护原住民生计的重要性。

不到五年，"可持续发展"成为国际保护机构的核心目标。对可持续发展最著名的定义是，这种发展能够"满足当代人的需求而不损害子孙后代满足自己需求的能力"。1980年，世界自然保护联盟发布全球保护战略，认为保护人士此前"给自己塑造了抵制所有发展的形象"，呼吁"为社会发展和自然保护制定全球战略"。

理论上，可持续发展由富国和穷国共同实施，将所有国家的环境损害降到最低。1987 年，联合国世界环境与发展委员会主席、挪威前首相格罗·哈莱姆·布伦特兰（Gro

---

1　扎伊尔，即刚果民主共和国。在总统蒙博托专政后，进行了大量的地名变更，除了将国名刚果民主共和国改为扎伊尔，还把首都利奥波德维尔改成金沙萨。扎伊尔这个名字来自葡萄牙语，意为浩大的水面，1997 年改回现名。
2　"长刀之夜"原指发生于 1934 年 6 月 30 日至 7 月 2 日的纳粹清算行动。此处用来形容争斗的激烈程度。

Harlem Brundtland）强调：“'环境'是我们所有人生活的地方；而'发展'是我们所有人在改善我们在这个居所中的命运时所做的事。”但实际上，可持续发展的责任往往落在较贫穷国家和那些试图帮助他们的人身上。布伦特兰称，发展的定义往往被简化为"穷国为变富应该做的事"。

为了追求可持续发展，环境保护基金等保护组织说服世界银行和其他国际贷款机构，对大坝、高速公路和其他贷款资助的项目进行环境审查。20 世纪 90 年代，里约热内卢地球峰会之后，贷款人加大对"综合保护和发展项目"的资助。这些举措旨在通过减少保护区内外周边的贫困，让公园和人民从中受益。

尽管取得一定成功，但进展缓慢，失败也比比皆是。国际保护团体对大型发展项目产生了一定影响，但许多发展项目从根本上就与保护矛盾，对任何物种和大多数人都没有什么好处（许多项目还遭到草根保护团体或原住民团体的强烈反对）。原先相信可持续发展承诺的保护人士，开始怀疑保护和发展是否可以兼容，更不用说能否互惠互利了。

1995 年，苏莱在《社会围攻自然》一文中，把可持续发展称为"邪教圣杯——又要马儿跑，又要马儿不吃草的痴心妄想"，警告同事远离这种东西。当时，看护公园和其他保护地边界的保护方式，经常被贬为"堡垒式保护"。到 20世纪 90 年代末，一些著名保护人士呼吁重新重视这种方式。

热带生态学家约翰·特尔伯格（John Terborgh）大半辈子都在秘鲁雨林中度过，他建议雇用一支国际资助的武装巡护队在公园边界巡逻。"没有秩序和纪律，公园就无法维持，"他写道，"但在许多发展中国家，社会腐败而散漫，根本没有秩序和纪律可言。"

2003 年，国际野生生物保护学会的科学家肯特·雷德福德（Kent Redford）在《保护生物学》杂志上发表了一篇深刻的社论。雷德福德是世界自然保护联盟多个委员会和会议的资深成员，社论共同作者 M. 桑迦耶（M. Sanjayan）是大自然保护协会的科学家，曾在苏莱门下学习。他们呼吁如实核算发展和保护的成本。"为了改变世界的命运，保护生物学必须提供平衡人类福祉和富饶自然的方案，并评估权衡各种方案的科学基础。"他们写道，"但这还不够，我们还必须说服社会选择能够保护更多自然精华的方案。"

事实证明，双赢方案难以实现。为保护生物多样性，为其他物种提供适应、生存和发展所需的资源，保护人士，包括保护生物学者，必须说服部分人类同胞做出牺牲，至少在短期内如此。但是怎么做呢？

在国际保护运动追逐可持续发展梦想的同时，苏莱一直在追求自己的愿景。他自己持续在做的研究，在保护生物学学会开展的工作，屡次提醒他连通——连通栖息地，连通学科，以及连通研究人员和活动人士——是如何重要。

苏莱及其同事也意识到"顶级消费者"的生态作用。研究人员发现，在草原、海洋、雨林和其他生态系统中，靠近生物金字塔顶端的物种（比如野牛、角马、海星、美洲豹）对金字塔下层的物种施加压力，通过取食植物或是捕猎动物，阻止任何单一物种的种群爆炸，从而维持整个生态系统的多样性。与凯巴布高原上的美洲狮一样，生态系统中的捕食者似乎在阻止马尔萨斯式的灾难。

灰狼是北美的顶级食肉动物之一。狩猎，以及政府组织的诱捕和毒杀运动，几乎消灭了美国本土的灰狼。约瑟夫·格林奈尔和罗莎莉·埃奇曾坚决反对过灭狼行动。1967 年，灰狼与美洲鹤、白头海雕一起成为首批濒危物种。到 20 世纪 70 年代末，灰狼从加拿大游荡至蒙大拿西北部。随着灰狼数量的增加，苏莱和其他人开始设想一个栖息地网络。在这个网络中，灰狼和其他食肉动物能沿着落基山脉，从加拿大旅行到墨西哥；网络能为狼的种群提供生存所需的空间，以及重回生物金字塔顶端、发挥生态作用的机会。连通"核心"栖息地和可通行的"廊道"，这些想法并不新鲜，但从来没人严肃建议在大陆范围内实施。

苏莱当时是加州大学圣克鲁兹分校环境研究系的教授。他召集了一批生物学者和活动人士，其中有户外服装公司北面（The North Face）的联合创始人道格拉斯·汤普金斯

（Douglas Tompkins）和激进环保组织地球第一（Earth First）的联合创始人戴夫·福尔曼（Dave Foreman）。1991 年，他们成立组织"荒野地网络"（Wildlands Network），着手绘制整个美国现有保护地和潜在栖息地连通性的地图。对参与其中的保护生物学者来说，这是踏入政治的一大步。他们曾就保护问题向政策制定者提出过不少建议，但通常不会主动提出政策，而眼下这项政策建议雄心勃勃，令人震惊。

"我真诚地相信，你们手中握着的，是自然保护历史上最重要的文件之一。"1992 年，福尔曼在《野性地球》（*Wild Earth*）杂志上发布荒野地网络组织的纲领，"我们所寻求的是一条通往美丽、富饶、完整和野性的道路。我们寻找广阔天地而不是霸权帝国，我们寻找狼的足迹而不是黄金财富，我们渴望生命而不是死亡。"

这份提案承诺"创造而不是减少"工作机会，"将免费给予而不是夺走"土地。然而，它代表的是生物多样性的态度和立场，长于生态和进化原则，短于经济和社会问题。"为阻止野生动物和荒野的消失，整个生态系统和景观必须在北美每个地区得到恢复，"苏莱和其共同作者写道，"而要恢复这些系统，需要长期的总体规划。"

围绕保护地和物种保护问题，当时美国的政治争斗非常激烈，跟非洲、亚洲和南美洲的部分地区一样。一个多世纪以来，欧美保护人士利用强大的影响力，通过一系列法律，限制人类行为。在这个过程中，他们屡屡面对坚决的反对，但他们成功保护野牛不受商业猎人的捕杀，保护白鹭不受鸟羽商人的荼毒，保护鸣禽不受过度热情的鸟类学者和自然史收藏者的伤害，保护猛禽不受 DDT 的毒害。这些成就几乎无须付出旷日持久的代价，对人类健康和娱乐也有明显的益处。

野生动物专业人员还说服休闲猎人接受各种限制，缴纳费用换取继续狩猎的机会，这就是北美野生动物保护模式。许多支持这种模式的专业人士，本身就是猎人。利奥波德曾教导他们"认识到保护是不可拆分的整体，恢复猎物只是其中一部分"，需要说服非狩猎人士"共同制定和共同资助项目，保护所有野生动物"。然而，没有多少人遵从利奥波德的教导，他们停留在依靠狩猎人士支付保护费用的层面上。结果，各州野生动物机构的大多数物种保护工作，就靠狩猎执照费和狩猎设备税支持，现在依然如此。

1973 年，《濒危物种法案》成为法律，突然改变了美国保护工作的条件。其他国家陆续通过类似的法律，全球保护工作的条件也为之一变。保护人士已经说服北美人和欧洲人，抛弃牛皮地毯和鸟羽帽子这类奢侈品，换来野牛和美丽鸟儿的生存是值得的。但不那么有魅力的物种就难以引起人们的同情。在 20 世纪 80 年代，人们意识到，狩猎许可费根本负担不起一些濒危物种（比如北方斑林鸮）的保护，于是引发了对保护工作的激烈抵制。

对经济和地球长期收益的承诺，既不能安抚伐木工人，也不能安抚牧场主：前者担心自己的工作受到斑林鸮保护措施的影响，后者担心公共土地放牧特许权受到沙漠龟保护措施的限制。早在西奥多·罗斯福创建林务局之前，对联邦政府的不满已遍及美国乡村，而且很快就被短期利益同样受到影响的公司和政客所利用。

苏莱很清楚这些紧张关系，建议"荒野地网络"提案的支持者去实践"能耐得下心的政治"。但对于那些认为保护工作已经很过分的人来说，这种提案本身就具有煽动性。反对者绘制了一份假地图，把保护地网络画成血红色，像皮疹一样覆盖全国，然后分发到美国乡村的五金店和加油站。有时他们还警告说朱利安·赫胥黎策划了遍及全球的保护阴谋，世界自然保护联盟是他幕前的操盘手。

荒野地网络提案也激发了保护人士的想象力。面对连篇累牍的物种衰退记录，许多保护人士备感厌倦，而渴望一种更加积极的愿景，哪怕需要数百年才能实现。许多杰出的保护人士和保护生物学者表示支持，包括保罗·埃利希和爱德华·O. 威尔逊。一些有保护意识的私人基金会帮助传播这份提案；也有一些保护生物学者持批判态度，不确定活动能力强的物种是否会使用栖息地廊道。

20 世纪 90 年代中期，苏莱离开加州，搬到科罗拉多州的农村，全力以赴地推广荒野地网络的计划，其名为"核心、廊道和食肉动物"（cores, corridors, and carnivores，简称 3C）。2008 年，他听到传言，说可能有一两只狼就住在离他居所不远的一个大型度假牧场里。要知道，早在七十年前，科罗拉多州的狼就已经被赶尽杀绝。1995 年，黄石国家公园重新引入灰狼之后，曾有个别灰狼游荡到科罗拉多州，但直到当时，科罗拉多州并没有确认有狼定居。度假牧场聘用的生物学家克里斯蒂娜·艾森伯格（Cristina Eisenberg）发现了一些粪便和足迹。这些痕迹特征鲜明，令她想起在蒙大拿研究过的狼留下的痕迹。有一次开车穿过牧场，她还看到一个暗色的狼形身影从田野上闪过。其他人也报告称听到了远处的嗥叫。

但没有任何确凿无疑的证据。艾森伯格和野外助手甚至半开玩笑地回避了"狼"这个词，称这些身份不明的动物为"北方来客"。不过，这足以说服牧场主小保罗·瓦尔迪厄克（Paul Vahldiek Jr.）将粪便送到加州的实验室做遗传分析。

对苏莱来说，哪怕灰狼重返落基山脉南部的可能性渺茫，也足以吸引他来到牧场。他多次访问牧场，与主人交谈，讨论如何在牧场上为狼腾出空间。

瓦尔迪厄克是来自得克萨斯州的富商和狂热的猎人。起初他对苏莱的想法嗤之以鼻，但自从参加过一次荒野地网络会议，在潜在栖息地连通地图上看到自己三百平方英里的地产之后，便产生了谨慎的热情。他觉得或许会有新的可能，无论是对他的生意还是对这片土地。也许一群狼会吸引更多的游客；也许它会减少麋鹿的数量，从而恢复不断被麋鹿群啃食的杨树。瓦尔迪厄克能够自上而下地控制自己的生态系统，于是成了苏莱出乎意料且非常宝贵的盟友。

在瓦尔迪厄克等待遗传分析结果的几个月里，我和苏莱、约翰·特尔伯格以及其他保护生物学家一起，沿着牧场上方的页岩和砂岩悬崖散步。冬日的天气寒冷而晴朗，科学家们都很放松，低声交谈。他们知道，最近的活狼很可能在几百英里之外。不过，空气中还是有一丝紧张。几十年间，大多数科学家不断见证生态系统的破碎，不禁希望生态系统重建的重大实验已经开始，顶级物种开始回归。

苏莱瘦削的身体包裹在厚实的伪装服里，脑袋光光如也。他最近开始打猎，这既是一种运动休闲，也是为了审视自己的伦理观念，所以他的娱乐活动似乎需要一种脑力因素。他走到路边，检查一串脚印。他将视线从雪地转移到地平线上，然后又转回来，想象一只狼就在眼前。"这感觉真好，"他笑着说，"我一点儿都不害怕。"

事实证明，瓦尔迪厄克牧场上的"北方来客"可能不是什么来客，几乎可以肯定不是狼——DNA 结果表明它们是郊狼。但是，科罗拉多州持续有狼出没。2020 年初，人们报告了一连串狼群目击事件。州野生动物官员证实，在瓦尔迪厄克牧场以北，至少生活着六只狼。来自落基山脉北部的狼冒险进入太平洋西北地区，在华盛顿和俄勒冈建立了四十多个定居狼群。在欧洲，人类越来越多地集中在城市，狼正从欧洲南部的残余种群中出击，找到返回欧洲北部农村的路径。就像野牛一样，狼群的回归不可避免地引起了人们的欢呼和惊愕。而这种两极化的反应助长了两极化的政治。

2010 年，迈克尔·苏莱在"高度孤独牧场"寻找狼的足迹。

　　荒野地网络继续主张在北美各保护地之间建立栖息地廊道，只是言辞有所收敛。其他保护人士和保护团体提出了更加雄心勃勃的计划。2016 年，爱德华·O. 威尔逊出版《半个地球》。他在书中论证道："只有将地球表面的一半交还大自然，我们才有希望拯救构成地球的大量生命形式。"通过为自然界留出"尽可能最大的保护区"，并约定允许它们"不受损害地存在"，人类可以阻止地球 80% 以上物种的种群下降。威尔逊预测，如果没有这样的努力，人类将失去维持生存的大部分地球生物。

像荒野地网络的科学家一样，威尔逊对生态关系的复杂性高度敏感，他在《半个地球》中用了很多篇幅来描述这一点。他提及，每个物种"都与其他物种密切相关，无论是猎物、捕食者、内部和外部的共生体，还是土壤和植被的工程师"。但他研究人类复杂性的时间要少得多，只是以朱利安·西蒙的乐观态度预测，自由市场和高科技的综合效应将缩小人类集体的生态足迹，为巨大的保护区腾出空间。

他可能是对的。但要实现类似的宏伟愿景，保护人士必须更多地关注人类的复杂性。雷德福德和桑迦耶曾写道："需要说服社会选择保护更多自然精华的方案。"

一些人已经给保护主义者和环保主义者扣上了反人类的帽子，认为他们把其他物种的利益置于人类利益之上。批评者一遍又一遍地建议保护生物学根据人类的需求重新定位自己，从而改善形象，推进事业。也就是说，应该优先考虑对人类最有利的地方和物种。因为保护需要人类的支持才能成功，所以保护生物学者的工作应该支持人类的需要。

对这些批评，苏莱和其他许多保护生物学家感到震惊和愤怒。他们说，如果保护生物学家不为生物多样性说话，那么又该让谁来说呢？"濒临灭绝的不是人，"苏莱告诉我，

"而是生物多样性。"

从某个角度来看，对这门学科的批评似乎是不应该的。2000 年至 2014 年期间，共有三万两千多篇论文发表在主要的生态学和保护生物学期刊上。分析这些论文可以发现，许多保护生物多样性的建议已经密切关注人类的需求。但这些批评引起人们的注意，也因为他们的观点自有其道理。保护生物学确实有盲点，这个盲点自从霍纳迪被平原野牛的困境所震惊时起便如影随形，始终让保护运动深受困扰。保护生物学的问题不在于忽视人类的需求，而在于忽视人类的复杂性。

保护生物学者，受教育背景的影响，往往认为人类跟鹿、蝴蝶或任何其他物种一样。从某种程度说，这倒是没错：我们对达尔文的发现还记忆犹新；保护运动和环境运动一再提醒我们，人类同样依赖清洁的空气和肥沃的土壤。但是，虽然我们可能并不比水母优越——很多情况下水母比人类更有能力——但我们与水母不同，也与地球上的其他物种不同，我们有着极其复杂的社会、技术和表达方式，也有不同维度的个体差异。哲学家克里斯汀·柯斯嘉德（Christine Korsgaard）认为，人类与其他物种的区别是，人类会意识到自己是一个物种的成员。许多动物都能认识到自己的同类，意识到自己是某对、某群动物的成员，但人类经常会把全人类称为"我们"。我们置一己于人类整体的故事之中，因此千差万别的我们能够想象出共同的人性，采取某种集体行动——其中也包括代表其他物种的行动。

在保护运动的一些最为黑暗的篇章中，潜藏着这样的假设：只有特定种类的人类是与众不同的，只有"我们"中的一个子集与其他动物不同。这种假设让霍纳迪及其同事将自己物种的成员奥塔·本加关在笼子里展出；这种假设让许多 20 世纪初的保护主义者接受优生学的伪科学，还有一些人支持第三帝国的"应用生物学"；这种假设使威廉·沃格特认为，为贫穷国家提供粮食援助会破坏对人口数量的"自然"控制；这种假设使"地球第一"的联合创始人戴夫·福尔曼在 20 世纪 80 年代埃塞俄比亚饥荒时说出这样的话："我们为埃塞俄比亚提供援助，实在是再糟糕不过——最好的做法是让大自然寻求自身的平衡，让那里的人饿死。"（福尔曼的道歉仍旧姗姗来迟。）同样的假设也是今天"生态法西斯主义者"语无伦次的纲领的核心，借保护之名为暴力辩护。

更多时候，保护主义者往往将人类简化成一个整体。正是这种看法，让他们认定人口炸弹和公地悲剧不可避免，虽然研究早就证明并非如此；正是这种看法，让他们认定根本不可能实现利奥波德的愿景——人类是地球的普通公民，拯救其他物种的唯一方法是将它们与我们隔离开来；正是这种看法，让他们将政治变革想象成自发的草根起义或全球指令；正是这种看法，让他们接近荒野和生物多样性的概念，但不是为了保护生物多样性，而是为失去的边疆招魂；正是这种看法，让他们赞同历史学家威廉·克罗农（William Cronon）所描述的幻觉："我们可以逃避我们过去所深陷的世界中的所有麻烦。"这简直是自取灭亡。

总的来说，"有疑问时，数一数"是很好的建议。但数字既不是故事的开始，也不是故事的结束，特别是涉及人类的时候。人类拥有自己作为一个物种的独特意识，拥有将其他生物体分为不同种类的能力，这使我们既能感知地球生命的多样性，又能构思如何保护它。然而，正如苏莱在研究加利福尼亚湾蜥蜴种群时的发现，物种内部的差异也很重要。如果忽略人类内部的社会、政治和经济差异，就等于忽略今日人类内部在责任感和脆弱性上的巨大差异。

保护生物学发展至今已经有四十多年的历史，它的规范性公理一直保持得很好。保护生物学和保护运动的总体使命，仍然可以概括为保护生物多样性、生态复杂性和进化过程，简而言之，保存可能性。

也许保护生物学确实还需要增加一条规范性公理——提醒人类有能力保护其他生命不受我们的伤害。就像生物多样性的"善"一样，这条公理的真实性无法衡量或证明。事实上，我们都被相反的证据所困扰，这也是保护生物学者和我们其他人需要对人性抱有信心的原因。否定我们的复杂性，否定我们既有建设性又有破坏性的能力，就是放弃整个物种保护计划，实际上就是放弃人类本身。而这样做的结果，既不需要衡量，也不需要证明。

保护生物学者的专长是记录其他物种面临的威胁，估计需要多少空间、食物和其他资源来对抗威胁。保护工作的其余部分，也就是设计微妙的政策和保护措施以吸引公众支持，从而实现其目的，需要关于人类复杂性的专业知识。无论是将保护生物学扩展成保护科学，还是分支出保护社会学和保护农业等领域，保护实践都不能只靠生物学者。

2003 年，环境政策学者迈克尔·马斯卡（Michael Mascia）和几位同事在《保护生物学》杂志的社论中指出："生物多样性保护是人类的事业，它由人类发起，由人类设计，旨在改变人类行为，以实现社会期望的目标。"苏莱在1986 年提到同样的想法，当时他呼吁保护生物学者"寻求其他学科专业人士的助力"，包括人类学者、社会学者和社区发展工作者。"否则，我们很有可能支持那些理论上强大，但在社会和政治上幼稚的解决方案。"利奥波德和其他一些人早在几十年前也认识到了这一点。"由于工业化可能引发经济和保护间的世界性冲突"，利奥波德去世前不久，建议在威斯康星大学设立生态经济学的教职。他看好的候选人是他的朋友威廉·沃格特。

"现代生态学一个反常的现象是，它由两个群体共同创造，但每个群体似乎都丝毫没有意识到另一个群体的存在。"利奥波德在 20 世纪 30 年代中期反思道。社会学者、经济学者和历史学者研究人类社会，"几乎把它当作独立实体"。而生物学者研究植物和动物，好像它们可以跟政治和其他人类关注的问题隔绝。"这两种思想的接触融合将不可避免，"利奥波德写道，"这也许会成为本世纪杰出的突破。"

我们已经进入了新世纪，而保护生物学还是没能实现这一突破。不过，其从业者正在深入研究生物学家大卫·恩菲尔德说过的"生物学与社会科学、人文科学交叉融合、相互激荡的重要领域"。20 世纪 90 年代末，生态学家和经济学家开始估算"生态系统服务"和"自然资本"的价值，试图量化生态系统给人类带来的无数福祉，从清洁水源到精神健康。在 21 世纪初，千禧年生态系统评估，在这个一千多名研究人员共同完成的国际合作中，人们使用生态系统服务作为衡量地球健康程度的标准。

对利奥波德来说，量化保护的公共利益只是深入反思经济和保护关系的第一步。批评现代生态系统服务概念的人士认为，对无价之物的任何定价，都不可避免地带有偏差。利奥波德肯定会同意这种观点，他乐于承认，对生态系统的评估再彻底，也不可能吸引只对利润感兴趣的人。保护人士从经验中了解到，保护措施很少能在短期内收回成本。不过利奥波德也可能会同意斯坦福大学保护生物学中心主任、生态系统估值的主要倡导者格雷琴·戴利（Gretchen Daily）的观点。戴利指出，光是粗略估计保护对人类的价值，也已经是重大进步，因为在当前的重大政策决策中，默认保护的价值是零。

2019年，一千三百多名保护生物学者、社会科学学者和政府官员齐聚吉隆坡，参加保护生物学学会的国际大会。与会者认可该领域的进展，并在会后发表了一项宣言，部分内容是呼吁"为保护生物多样性提供适当的社会和经济激励"。该学会的小型社会科学家队伍正在不断壮大。马斯卡于2017年至2019年担任该学会的主席，他是第一位出任该职的社会科学家。他的研究领域是影响全球国家公园和保护区长期管理的人文因素，其博士论文将埃莉诺·奥斯特罗姆的理论应用于海洋保护区。

生物学者经常论证生物多样性能让每个人受益，但社会科学学者知道，保护成本和利益的分配是不均衡的。在全球所有地区，许多情况下是穷人承担保护的重担，而富人享受大部分生态系统服务。这些不平等现象激发大众反感《濒危物种法案》之类的法律，反对新建更大的公园和保护区。反差最为突出的地方莫过于南部非洲，那里的保护历史也最为交错纠缠。

第八章

犀牛与公地

即使在南半球的冬天，纳米比亚[1]西北部也是酷热难耐，赤裸裸地暴露在阳光之下。在威热尔德桑蒂（Wêreldsend，南非荷兰语"世界尽头"的变体）破旧的钻石勘探营地里，除了一堆拖车和小木屋，几乎没有什么设施能抵御恶劣的天气，当然也抵御不了其他东西。1982 年 4 月初，加斯·欧文-史密斯（Garth Owen-Smith）来到威热尔德桑蒂，为刚成立的纳米比亚野生动物基金会建立野外基地。他立刻意识到，天气只是沙漠中的无数危险之一。

　　到达营地的头一个夜晚，欧文-史密斯就被喊叫声惊醒，听起来像是在杀猪。他小心翼翼地靠近发出骚动声的地方，得知是一头年轻雄狮蹓进营地，咬住一只熟睡的牛头狓，然后消失在黑夜中，牛头狓在狮子嘴里不停地尖叫。欧文-史密斯和同伴设法射杀了狮子，牛头狓奇迹般地活了

1　纳米比亚，旧名西南非洲，北与安哥拉、赞比亚为邻，东、南毗博茨瓦纳和南非，西濒大西洋，是撒哈拉沙漠以南较为干旱的非洲国家，拥有从沙漠到热带草原等多样的动植物栖息地和生态系统，是地球上少有的干旱生物多样性热点地区。但其历史充满苦难，自 15 世纪以来，先后被荷兰、葡萄牙、英国、德国入侵或占领，后来又被南非统治和吞并，1990 年才实现独立，成为非洲大陆上最后一个获得民族独立的国家。

下来。他们开车绕着威热尔德桑蒂检查，车灯照到六头狮子，它们都躲在离营地不到一百码的草丛里。欧文－史密斯知道，被激怒的狮子会攻击人类，不过如果有得选，它们还是更喜欢回避；持续两年的严重干旱，把围攻威热尔德桑蒂的狮子逼上了绝路。

在接下来的几周和几个月里，欧文－史密斯了解到，这个地方的人和野生动物都处在可怕的困境中。干旱虽然开始缓解，但已经损失了数以万计的家畜，当地的牛群估计损失了90%。许多希姆巴人和赫雷罗人[1]不仅失去了奶和肉，也丧失了社会地位和价值感，甚至有些男子因遭受损失而备感羞辱，自杀身亡。

为了养家糊口，许多人无视政府在干旱期间实施的狩猎禁令，捕杀羚羊和其他动物。其他人——包括一些政府官员——盗猎大象和黑犀牛，出售象牙和犀牛角。曾经健康的大象和犀牛种群遭到严重破坏。1980年，南非保护人士克莱夫·沃克（Clive Walker）向世界自然保护联盟物种生存委员会提交了一份报告，估计该地区只剩下不到八十头大象和十五头犀牛。欧文－史密斯在探索沙漠中锈红色的玄武岩山脊和干涸的河床时，发现尸体甚至比活着的动物还多。欧文－史密斯希望能说服人们停止盗猎，但他知道许多人

1　希姆巴和赫雷罗都是以放牧为传统生活方式的非洲原始部落，拥有大量牛羊。希姆巴部落生活在纳米比亚西北部的卡奥科兰地区。赫雷罗部落生活在纳米比亚北部和安哥拉南部。

别无选择。他先去拜访那些生活状况相对较好的居民点，那里的居民还能靠幸存的牛群和剩余的猎物维持生计。欧文 - 史密斯跟这些人熟悉起来，也了解了他们的情况。他问当地人，野生动物对他们有没有价值。

大多数人说："没有。"狮子和豹子正在吃掉他们最后的牲畜，也威胁着他们的人身安全。大象在践踏他们的庄稼，破坏他们的菜园。现在，猎杀几只羚羊当食物，政府就惩罚他们。他们承担了所有的保护成本，却没有获得任何收益。他们问，除了当作蛋白质的非法来源，或者商业走私者偶尔给些报酬，野生动物对他们还有什么价值？

跟非洲许多地方一样，近几十年来，纳米比亚把野生动物——特别是保护生物学者称为顶级消费者的、时常惹麻烦的大型动物——看作政府财产进行保护，取悦有钱的外国人。政府要求一些原住民跟野生动物相互区隔，但绝望催生非法利用，非法利用又加重区隔。在为纳米比亚野生动物基金会工作的头几个月里，对于如何扭转野生动物螺旋式下降的趋势，欧文 - 史密斯时常感到绝望。

有一天，一位老汉跟他抱怨一群公象。老汉说，这群公象总是跑到他家附近的水坑里喝水，不停踩踏他的物品，折断他的无花果树枝。欧文 - 史密斯以前就听过这段公案，越听越烦躁，于是立马说："要是这样，唯一的解决办法就是射杀它们。"老汉愣住了，显然在消化欧文 - 史密斯的话，过了一会儿，他缓过神来，义愤填膺地说道："没人能射杀我的大象！"

也许，还有希望，欧文－史密斯想。

2019 年底，我到访纳米比亚西北部的库内内地区。彼时正值旱灾，许多人预测它的危害将很快超过 20 世纪 80 年代的干旱期所造成。我和欧文－史密斯走在崎岖的乡间小道上，听闻饥饿的食肉动物再次袭击了牲畜。不久，导游兼翻译爱迪生·卡苏比（Edision Kasupi）也加入我们。我们路过一匹山地斑马臃肿的尸体，它不是渴死的，就是饿死的。

但沙漠也是充满生机的。一天早上，我和卡苏比早早离开营地，沿着霍阿尼布河（Hoanib River）干涸的河床行驶。我们发现树上笼罩着海雾，这是夜里从沿海山脉的缺口吹进来的。一头长颈鹿静静地站在枝繁叶茂的树冠下，颈部和头部形成优雅的直线，往上伸向它的早餐。转过下一道弯，一头成年大象走出树林，在雾中扇动耳朵，后面跟着四头大象。等到能看清象群时，我们发现成年大象身边有一头三个月大的小象，躲在母亲肚子下啃食灌木；另外一头小象还不到一个月大，蹒跚地走上满是沙子的河岸，努力避免踩到自己的鼻子。

我们听说这里也有狮子，但没有看到。继续往上游行进，我们看到两名社区野生动物护卫在河岸两边安营扎寨，悄悄地阻止狮子靠近牲畜和人类。这是狮子存在的唯一线索。

自欧文－史密斯近四十年前抵达威热尔德桑蒂的那个多事之秋以来，库内内的境况有了很大的改变。欧文－史密斯反感争名夺利，但这些变化多少与他有关系。他第一次爱上这个地区是在 1967 年，当时他从家乡南非的大学辍学，到纳米比亚一个铜铅矿工作。纳米比亚当时叫作"西南非洲"，是一处由南非控制的前德国殖民地。一位熟人邀请他到该领地的西北区域参观，于是他临时请了假，从矿坑底部爬出来，向大西洋海岸出发。

欧文－史密斯日常工作的坑道暗无天日，蟑螂横行。相比之下，纳米比亚西北部风景开阔，令人心旷神怡。当地风景的严酷之美和努力求生的丰富生命，都深深地震撼了他。他还为当地的风俗习惯所吸引：许多赫雷罗妇女身穿色彩鲜艳、精心衬垫的"大礼服"，服饰的灵感来自 20 世纪初德国传教士的长袍；半游牧的辛巴人用黄油和赭石颜料制成气味甜美的软膏，用来保护皮肤和定型头发。

欧文－史密斯回到矿场后，不到一个月就辞职了。他把为数不多的物品装进皮卡车，想方设法重返西北沙漠。他试图骑公路自行车横跨卡拉哈里沙漠，但以失败告终，还在德班附近的炼油厂上过两个月班。后来，南非一个政府机构——班图管理和发展部，聘请他到西南非洲西北部担任农业主管，欧文－史密斯欣然接受。

当时那里白人居民为数不多，白人也极少会到私人土地之外的乡间土路和偏远山谷中旅行，欧文－史密斯就是其中之一。他身形高大、骨瘦如柴，很快就广为人知。他满脸胡子，又喜欢爬到高处，赫雷罗人给他起了个"公山羊"的绰号。他觉得自己很幸运，因为另一位同事的绰号是"瘦猪"。

欧文－史密斯反对雇主的种族隔离政策，不过策略性地保持沉默。但因为一些微小的反抗行为，欧文－史密斯与上司发生冲突，两年多后被迫返回南非。1982年，他重新回到这个地区，风景依旧，但物是人非，所有物种都在受苦：干旱肆虐，邻国安哥拉内战不绝，血雨腥风旷日持久，南非和西南非洲的权力斗争不断升级。

从某些方面看，欧文－史密斯不太可能从事保护工作，因为他：没受过正式的科学训练；更喜欢威热尔德桑蒂这种与世隔绝的地方，而不是保护人士经常出席的大型会议；与主导非洲保护运动的国际组织没有什么联系。但他意志坚定，十几年如一日地献身于沙漠。在良师益友的帮助下，他自学了服务沙漠所需的技能，熟练掌握汽车修理、动物追踪、生态理论等方方面面的知识。他有一部分时间会离开西南非洲，到今天的津巴布韦帮助管理一个养牛场。那时候，津巴布韦游击队揭竿而起，反对由少数白人组成的政府。他就在那种环境下测试以保护为导向的放牧方法。

他还认识到，保护是人类的事业，由人类所设计，以实现共同的目标，后来迈克尔·马斯卡和其他社会科学家在《保护生物学》杂志的社论中重申了这一点。为了那个目标，欧文－史密斯常说，他最有用的工具是耳朵。

在20世纪70年代中期，国际保护运动开始优先考虑可持续发展，而不是建立与维护公园和保护区。许多著名保护机构换汤不换药，新策略依旧是自上而下的。他们不再与全国政府谈判，讨论适当的保护区边界，而是开始跟国际贷款方谈判，讨论发展项目的规模和形式。

但新一代保护人士正在崛起，不仅在欧洲和北美，在非洲、亚洲和拉丁美洲也是。1975年，在世界自然保护联盟混乱的金沙萨大会上，该组织的生态学家雷蒙德·达斯曼曾为原住民权利大声疾呼：当地居民跟野生动物共处一地，往往依赖野生动物获得食物；要保护野生动物，需要跟当地居民合作。许多人同意达斯曼的观点。

保护运动与休闲猎人的关联源远流长，但保护主义者和环境主义者往往忽视生计猎人，不把他们看作潜在的支持者，一些人甚至公开谴责他们。早期的保护主义者，如威廉·霍纳迪和麦迪逊·格兰特，认为生计猎人低人一等；早期的环境主义者，如蕾切尔·卡森认为，打猎是残忍的。

但保护主义者认识到，生计猎人和农民的支持，对公园和保护区的成功往往至关重要。没有这种支持，即便是资金最充足、巡逻最彻底的公园，也不过是纸上公园，容易受到人类邻居的侵扰。除非这些邻居能通过狩猎或其他方法，稳定地养家糊口，否则不能指望他们容忍那些既危险，又破坏力巨大的大型动物，更不用说保护了。大型动物种群所需要的空间，比任何一个保护区都要大。

为支持当地生计，也减少对其他物种的压力，一些保护人士开始与这些社区合作，加强现有的野生动物管理。在接下来的十年里，他们开发了一套基于社区的自然资源管理或保护策略，旨在重建保护金字塔基座的本地权威。

基于社区的保护项目最初比较简单，就是公园管理者和附近社区分摊保护成本。比如，在肯尼亚南部，安博塞利国家公园限制狩猎和放牧，马赛人对此非常愤怒，杀死犀牛以示抗议；1977年，马赛酋长与国家公园达成协议，由国家公园给他们补偿在传统牧场上安置野生动物的费用，协议寿命虽短暂，但影响不小。

这些举措的核心是"野生动物利用"或"可持续利用"的概念：人们从其他物种身上获取热量或经济收益，同时管理其种群以实现长期生存。朱利安·赫胥黎等人支持将野生动物政策作为非洲在后殖民时代的关键保护战略。然而，在国际保护运动中，"利用"受到历史上对生计狩猎的势利看法的影响。人们普遍认为，当地人一旦有机会，必定造成加勒特·哈定在1968年提出的公地悲剧。

哈定认为，如果一种资源是共享的，那么每个人唯一理性的做法，就是尽可能多地"利用"这种资源，其后果也可预见。"在一个自由使用公地的社会中，每个人都在追逐自己的最佳利益，争先恐后地奔向毁灭，"他写道，"对公地的自由使用给所有人带来毁灭。"

哈定的理论为各种灾难提供了简单的解释，诸如交通堵塞、肮脏的公共厕所、物种灭绝，因为这种理论直观易懂，信众颇多。但印第安纳大学布卢明顿分校的政治学家埃莉诺·奥斯特罗姆不以为然。她自己的研究表明，对公地的自由使用不一定导致毁灭。哈定认为，只有彻底私有化或政府彻底控制才能避免公地悲剧。与之相反，奥斯特罗姆在她家乡洛杉矶附近，目睹地下水用户发展出一套共享水资源的管理办法。在接下来的几十年里，她研究了许多成功的社区管理案例，包括瑞士的牧牛人、日本的森林居民，以及西班牙和菲律宾的灌溉者，他们管理的系统在数个世纪中有序运转。

奥斯特罗姆和她的同事发现，这些系统的共同特征有：边界清晰（开展管理的"社区"必须有明确的界定）；对水、草、森林或其他共享资源有可靠监测；让参与者的成本和收益合理平衡；拥有快速和公平解决冲突的可预测流程；对欺骗者的分级制裁；社区与从户主到国际机构等权力层保持良好关系。

涉及人类以及人类的欲望，哈定认为一切均已注定，而奥斯特罗姆表示，一切皆有可能，但没有什么是高枕无忧的。"我们没有困在不可避免的悲剧中，也没有摆脱道德责任。"1997 年，她对政治学同行说。

2009 年，奥斯特罗姆的研究获得全球瞩目，七十六岁的她成为第一位获得诺贝尔经济学奖的女性。但在职业生涯早期，同事曾批评她花费太多时间研究系统之间的差异，在探索统一理论方面着力过少。"当有人告诉你，你的工作'太复杂'，那无异于一种侮辱。"她回忆道。即使是社会科学家，也会对人类的复杂性感到不耐烦，渴望得到简单的答案。

奥斯特罗姆坚持认为，复杂性对社会科学和生态学一样重要，制度多样性需要和生物多样性一起得到保护。"我仍然会被问到，'做某事的方式是什么'。我的答案是：在不同环境中，有很多种做事的方法，"2010 年，她在尼泊尔告诉听众，"我们必须能够理解复杂性，利用它，而不是抗拒它。"

奥斯特罗姆于 2012 年逝世，她开创性的工作、坦率谦逊的态度以及她对哈定公地悲剧理论的坚决抵制，备受赞誉。但她知道，该理论流毒甚远、危害极广，依然是乐观主义强大的"万能神药"，她所有的数据都无法将之从公众的想象中赶走。

20 世纪 80 年代末，非洲南部的保护人士开始将奥斯特罗姆的思想融入基于社区的保护项目。津巴布韦大学研究员马歇尔·默弗里（Marshall Murphree）联合他人创立了篝火（CAMPFIRE）项目。通过该项目，津巴布韦的地区委员会可以从公共土地的狩猎和旅游中获得收入，这为委员会控制盗猎创造了动力。在邻国赞比亚，行政管理设计项目雇用当地人担任反盗猎巡护员，将部分野生动物管理责任和收益从全国政府转移到社区议事会。国际援助机构以及世界自然基金会等保护组织注意到这些项目早期的成功，给予了支持。

与此同时，欧文-史密斯正试图修复沙漠中顶级物种与人类邻居的关系。

1983 年春，在威热尔德桑蒂度过令人沮丧的第一年后，欧文-史密斯跟老朋友约书亚·康贡比（Joshua Kangombe）会面，讨论盗猎危机。康贡比是赫雷罗族族长，明白无论对人，还是对野生动物，盗猎都是严重的问题。不过他担心，在干旱缓解之前，盗猎还会继续。"我们这些人吃饱了饭，谈论野生动物保护很容易，"康贡比说，"但如果一个人的孩子还在挨饿，他就很难不动枪。"唯一的解决办法是让政府在该地区派驻更多保护官员。

欧文－史密斯知道这不太可能。就算派了人来，当地人熟悉地形，也可以轻松逃避执法。"我们都知道，政府无法独自阻止盗猎，"他告诉康贡比，"我们需要你的帮助。"欧文－史密斯已经像当地人一样，养成遇到问题就猛吸一口气的习惯。他把自己的烟斗递给康贡比，两人在越来越浓的烟雾中静坐无语。

最后，欧文－史密斯问康贡比，他是否愿意推荐一些可靠的当地人来担任非武装的野生动物护卫。也许，欧文－史密斯说，纳米比亚野生动物基金会可以定期定量提供玉米，换取他们的时间和丛林知识。康贡比想了想，建议不要局限于"可靠"的人，当地盗猎分子才是最好的野生动物追踪者。康贡比估摸，如果他们的孩子有足够的食物，盗猎就会停止。

欧文－史密斯接触基金会的董事会，建议野生动物护卫不归基金会管理，而是交由康贡比本人管理，因为他在当地德高望重。董事会对这个计划颇为犹疑，甚至欧文－史密斯自己也无法确信，但他们同意先找六个人试验一年。选中的人都是熟练的追踪者，在社区里很有名。欧文－史密斯确信他们知道社区土地上的任何盗猎行为，只是不确定他们是否会举报。

巡护开始后不久，护卫卡玛斯图·特吉庞博（Kamasitu Tjipombo）报告说，他的领地内有一头长颈鹿遭到盗猎。他姐姐的孙子在一块石头下发现一块长颈鹿皮，特吉庞博沿着盗猎者的足迹找到长颈鹿被杀害的地方，在一堆灰烬中发现一块烧焦的大臼齿——它只可能是长颈鹿的。特吉庞博还报告说，盗猎者是当地人，已经逃离了这个地区。欧文－史密斯和两位同事追踪到罪犯，将他带到法庭。后者被定罪，判处一年监禁或重罚。然而，在实施逮捕的保护部门官员的要求下，判决有条件缓期执行。欧文－史密斯后来回忆说，这样做的目的，不是为了把人关进监狱，而是为了表明不再容忍盗猎行为。

萨克乌斯·卡萨俄纳（Sakeus Kasaona）曾盗猎过动物，后来成为康贡比推荐的第一批野生动物护卫之一。他发挥追踪技能，帮助基金会赢得官司，给一名盗猎跳羚的政府官员定了罪。在 20 世纪 80 年代初，萨克乌斯的儿子约翰年纪还小。约翰记得，那时候经常有一位白人男子，把福特 F-150 停在他家门口，卸下几袋玉米和糖，然后和父亲一起去射杀大象。后来，福特车不来了，来了一辆破旧的路虎车，侧门上印着狮子的脚印。路虎车的司机也是个白人，他也带来了玉米，但他更高、更瘦，留着浓密的胡须。欧文－史密斯和约翰的父亲消失在灌木丛里，他们没有射杀任何动物。

野生动物护卫继续报告盗猎案件。潜在的盗猎者知道当地人正在观察和报告他们的活动，开始避开这个地区。该地区的大象和犀牛盗猎完全停止，这两种动物的数量逐渐从干旱和无节制盗猎的影响中恢复。羚羊数量恢复得非常好，欧文－史密斯能够说服国家保护部门在该地区重新开放有限的狩猎活动，这个进展很受当地人赞赏。

也是在 20 世纪 80 年代初，欧文－史密斯遇到玛格丽特·雅各布森（Margaret Jacobsohn）。雅各布森也来自南非，到西南非洲做考古学博士研究。两人成为生活伙伴。欧文－史密斯不动声色，而雅各布森势不可当：她冲动、好客，对沙漠和沙漠居民都有着强烈的好奇心。她做过调查记者，在普洛斯一个小定居点找了一间满地粪便的小屋，开始研究辛巴人[1]和他们的物质产品之间的关系。随着研究的深入，她发现自己对财富、隐私甚至时间的看法，都与她认识的辛巴人大相径庭。

雅各布森和欧文－史密斯都坚信，成功的保护需要当地的支持。两人信念一致，一拍即合，随即联手行动。雅各布森鼓动欧文－史密斯在野生动物护卫项目上更进一步。她认为，年长者担任护卫，部分原因是激发了他们对其他物种的责任感，但要年轻一代继续开展保护工作，可能需要更多的现实利益。

1　辛巴人，17 世纪从安哥拉高原迁徙至纳米比亚，一度成为非洲大草原上最为富庶和强大的游牧民族之一。后来遭到其他民族的劫掠和侵占，在 20 世纪早期被南非统治者驱逐出家园、限制放牧，直到 20 世纪末才在国际组织的帮助下重回家园。现在辛巴人仍然保持着原始社会的生活方式，以放牧为生，住在树枝搭建的篱笆房中，使用原始的石器和金属器具，是非洲最后的仍保持着原始生活状态的民族之一。

他们很快意识到，一些最有价值的利益是无形的。1987年，雅各布森和欧文－史密斯到津巴布韦参加世界自然保护联盟社区保护大会。在会上，赞比亚国家公园主任哈利·查布维拉（Harry Chabwela）的一句话给他们留下了深刻的印象。"在这次会议上，我们谈了很多给当地人这个，给他们那个，但我们都忘了，他们也想要权力，"查布维拉说，"他们希望对影响他们生活的资源有发言权。这比钱更重要。"

会议结束后，欧文－史密斯和雅各布森直接驱车回到普洛斯，要求村长格里亚特·卡萨俄纳（Goliat Kasaona）召开村民会议。欧文－史密斯首先问，如果他与濒危野生动物基金会合作，不定期带人到普洛斯参观，大家是否满意。"满意。"他们说。然后他又问，大象最近开始到普洛斯的泉边饮水，大家对此有何看法？"杀掉大象，或者告诉国家保护部门把它们带走。"人们说。大象如果受到威胁，会变得很危险。大部分牛在干旱中都死了，人们不得不开始种植玉米。大象跟人竞争水源，玉米种植就更困难了。

欧文－史密斯觉得，很少有人真正想杀死大象，就像那位抱怨大象、但也为"我的大象"辩护的老汉一样。但他理解他们的挫败感：保护大象是政府的责任，而他们感觉无能为力。经过一番思考，他提出一个建议。他每带一个游客到普洛斯，基金会就向社区支付一笔费用，这笔费用足够为每个人购买玉米，居民们放弃种植玉米，可以花时间养山羊和绵羊。雅各布森还与当地妇女合作——包括她在普洛斯时认识的几个朋友——制作可以卖给游客的工艺品。这并没有消除与大象一起生活的成本，不过这个成本降低了，人们感受到旅游业带来的经济收益，也越来越意识到这些动物不是政府拥有的害兽，而是可以改变行为的邻居。

野生动物护卫和普洛斯计划，实际上这些实验都是在战区进行的。南非军队和西南非洲游击队之间的冲突，已经与安哥拉边境的内战纠缠在一起。当地居民无论忠于哪一方，都难免两头受气，被迫为一方的士兵提供庇护，然后因此受另一方的惩罚。

1990 年，纳米比亚独立。解放运动的领导人组建了政府，许多政府人士渴望实现变革。保护部首任部长尼科·贝辛格（Niko Bessinger）是社区保护的倡导者。他的副手布莱恩·琼斯（Brian Jones）和克里斯·布朗（Chris Brown）在世界自然基金会的资助下，请雅各布森和欧文 - 史密斯对西北沙漠中的公众就自然保护的态度，做了几次深入调查。调查表明，大多数人不希望杀死或迁走与他们共同生活的顶级物种，这证实了欧文 - 史密斯和雅各布森多年来听到的消息。但是，正如哈里·查布维拉在津巴布韦所建议的那样，本地人确实希望在野生动物管理中拥有发言权，而且他们知道，纳米比亚南部的白人农民已经拥有野生动物管理权，他们也想拥有类似的权利。

库内内地区的人们经常告诉欧文－史密斯，他们看不到野生动物的价值。然而事实证明，他们看到了许多价值。像奥尔多·利奥波德一样，他们相信，单纯欣赏一个物种与明智地利用它，两者并行不悖。

1996 年，纳米比亚国民议会通过一项法律，允许公有土地上的人群建立社区保护地。保护地将由选举产生的委员会管理，成员可以分享保护地范围内任何旅游或商业狩猎的利益。

将法律变为现实是一项巨大而复杂的任务。这些社区，已经被长达几十年的政治和军事冲突所分裂，对于是否参与新计划也屡屡出现分歧。决定创建保护地的社区，必须绘制边界图，选举领导人，学习基本的簿记和谈判技巧，就如何保护野生动物并从中受益达成一致。欧文－史密斯和雅各布森创建了小型非营利组织"农村综合发展与自然保护"（IRDNC），为新的保护地提供技术支持。创始工作人员花费许多时间促进讨论，解决争论，培训新委员会成员掌握陌生的流程。"除了会议和更多的会议，没有别的办法。"现任农村综合发展与自然保护区域协调员的拉吉·卡萨俄纳（Lucky Kanaona）回忆说。

1998 年，第一批公有土地上的保护地正式成立，不久，社区就与商业伙伴签署了第一批联合经营协议。到目前为止，纳米比亚建立了八十多个社区保护地，总面积达到四千多万英亩，从西北部的沙漠延伸到东北部气候潮湿、人口稠密的赞比西地区。社区保护地在土地管理中发挥着核心作用。社区保护地从旅馆、营地和狩猎向导服务中获得收入，既可以作为合资企业的合作伙伴，也可以独立经营。保护地参与野生动物种群的年度调查，并与全国保护部合作，为保护地内的生计狩猎和商业狩猎设定配额。每个保护地都要召开年度大会，全体成员参加会议，有机会监督管理委员会的表现。

奥鲁彭贝保护地（Orupembe Conservancy）在小城昂儒瓦尘土飞扬的郊区召开年度大会。会议场地是一个露天凉亭。会议本应在八月一个周日的早上八点半开始，但是到了下午两点，亭子里只坐了几个人，还有几十个人三三两两地坐在附近的阴凉处，分享新闻。

昂儒瓦离最近的加油站有数百英里，离硬化路面的公路就更远了。移动电话服务是没有的。大多数参会人都是半游牧的牧民，从保护地的偏僻角落长途跋涉而来。我能参加会议，要归功于导游爱迪生·卡苏比专业的越野驾驶技术，他在附近的普洛斯保护地长大。

昂儒瓦委员会最终宣布会议开始时，亭子里坐着九十五人，大约是保护地成员的一半，刚好达到法定人数。主席亨利·特占毕如（Henry Tjambiru）先解释了一番参会人数，他说眼下正值干旱，许多人把牧群带到更远的地方，无法参加会议，然后继续主持会议。当地领袖卡雷惹·穆普鲁阿（Karaere Mupurua）径直走过亭子前面的空地，将一把低矮的椅子拖过泥地。穆普鲁阿年事已高，但双眼炯炯有神，身着传统的辛巴服装（一种宽大的皮革腰带，可以在变瘦时系紧，因此被称作"饥饿腰带"），外加布裙和汽车轮胎凉鞋，显得很有气势。

"一些委员没有半点儿尊重，"他说，敲了敲手杖以示强调，"我们知道他们是谁，我们要把他们赶走。"穆普鲁阿一屁股坐在椅子上，盘起脚踝，紧紧盯着委员会。有几个人紧张地傻笑起来。卡苏比悄悄地给我翻译这段责骂，笑着回忆起自己担任保护地委员会委员的时光。他说自己遇到过更糟糕的情况。

穆普鲁阿指的不仅是委员到场拖拉，还有英文议程上直言不讳地写着的"赃款问题"。两名现任委员从保护地账户提了约一千美元资金供私人使用。拉吉·卡萨俄纳作为农村综合发展与自然保护代表出席会议，他附和穆普鲁阿，说全国保护部正在密切关注奥鲁彭贝保护地。特占毕如温顺地感谢卡萨俄纳的警告。而遭到指控的委员狼狈不堪。

起初，聚在一起的保护地成员很是安静，在午后的热浪中显得慵懒无聊。亭子里除了四名年轻女性，其余都是男性。四位女士穿着赫雷罗人高腰的多层衣服，坐成一排彩虹，无动于衷。还有大约十几名妇女，她们的皮肤和头发都散发着油膏的光泽。她们穿着极简的辛巴风格的皮革腰带，坐在亭子外面散落的毯子上，摇着婴儿，低声交谈。

奥鲁彭贝保护地的收入有几个来源，额度都不大：一个露营地，一个与其他两个保护地共有的小旅馆，以及与几个狩猎向导的合同。还有一个旅馆是与外国投资者合资的，已经关停了近十年。有些保护地的收入很少，运作资金来自国际保护团体的捐赠。还有些保护地，像附近的玛丽河保护地（Marienfluss），与高档旅馆签订合资协议，每年可获得十多万美元的工资和费用。

回顾一年的收入后，委员会分发了一份当地物种名录和每个物种当前的狩猎配额。自从制定配额以来，旱情不断恶化，不过保护地成员还是自愿作废了大部分配额。比如，今年早些时候的野生动物调查表明，可以在不损害种群的情况下捕杀七十五头大羚羊，但迄今为止只射杀了三头。两头大羚羊的肉正在附近一排锅里煮着，即将作为午餐食用。

在接下来的几个小时里，随着太阳西沉和天气变凉，会议加快了节奏。委员会报告说，过去一年食肉动物杀死了五十八头家畜，没有发生任何盗猎行为。"但是，等等。"一位成员说。由于干旱，当地一家人让自家牛羊从指定给野生动物的井里喝水。牲畜在水井周围活动，斑马没法喝水，就被渴死了。阻止野生动物喝水，难道不应该被看作盗猎吗？这个"哲学问题"引发了一场激烈的讨论，接着又被更激烈的讨论打断：一家在保护地经营的商业公司解雇了一名当地狩猎向导。这名向导的朋友试图平息这场流言蜚语，认为他应该出场为自己辩护。

意见分歧演变成威胁和愤怒的手势，另一位当地领袖站起来，告诉双方不要把"家庭问题"放在会议中。卡雷惹·穆普鲁阿已经沉默了一段时间，他也站起来，要求年轻人解释争端跟保护地有啥关系。没有得到明确的答案，于是他双手高举。"我不干了！"他戏剧性地喊道。保护地成员越来越不耐烦，就此休会。尽管主席提出抗议，但大家还是纷纷散去，有些人因为意外的解放大笑起来。赃款问题将在第二天早上解决——如果会议按计划重新召开的话。

从表面上看，会议一团糟糕。我也起身离开，却惊讶地发现自己非常兴奋。程序的低效、轻微的腐败和枝蔓的争论，在这些表象之下，真正的工作已经完成。即使在如此困难的年份，保护地成员也不辞辛劳地参加会议，考虑并重新承诺确保野生动物的长期未来。过程可能是混乱的，但显然在重要的方面起了作用。因为干旱而挨饿的食肉动物，杀死几十只家畜；这些家畜属于凉亭下的人们，但他们不仅没有提高狩猎配额，反而选择放弃剩余的配额。我参加过许多有类似目标的会议，那些会议的条件要好得多，但很少能达成如此有意义的结果。而且，没有一个会议能与保护地几十年来的成功记录相提并论。

第二天，保护地成员对偷钱行为采取果断立场，投票罢免整个委员会，重新选出新的委员会。新的委员会有七名委员，其中四名是年轻妇女，她们五颜六色的赫雷罗人服饰照亮了整个凉亭。

基于社区的保护项目和结果，就像开展项目的人一样多种多样。在某些情况下，社区的参与只是象征性的，不过是外部组织打动国际资助方的旗号。毕竟，对国际资助方来说，"社区保护"已经成为一种风尚。然而，内容实在、设计完善的项目也容易受到内部冲突或外部压力的影响，包括干旱、战争和全球市场力量。埃莉诺·奥斯特罗姆提醒过，保护没有万能神药，任何策略都可能成功，也可能失败。基于社区的保护是独特的，因为现代社会才刚刚发现它的潜力。"我们之前忽视了公民能做什么。"奥斯特罗姆说。目前，奥斯特罗姆的原则奠定了全球数百个基于社区的保护工作的基础。这些社区成员合作管理着菲律宾的海洋保护区、喀麦隆的高原森林、孟加拉国的渔场、巴西的牡蛎养殖场、柬埔寨的大象和马达加斯加的湿地。他们在人烟稀少的沙漠和人口稠密的河谷开展工作。他们制定自己的规则，许多规则巧妙地适用于当地环境。有些人恢复并调整了曾被抛弃的传统保护实践。在20世纪八九十年代，自上而下推动可持续发展项目的人士发现，真正双赢的解决方案非常罕见；保护也是如此，因为保护往往需要付出一些短期成本。但继奥斯特罗姆之后，研究人员发现，许多基于社区的保护项目可以降低这些成本，并且随着时间的推移，收益巨大，无论是有形的还是无形的。在纳米比亚西北部的工作中，欧文－史密斯跟奥斯特罗姆一样，发现明确的边界、可靠的监测和可预测的后果对当地物种保护都很重要。他经常强调，一切都取决于人与人之间真诚的关系。他进一步澄清，保护团体会和当地官员形成某种盟友关系，外来保护团体在给潜在合作方开展培训时，双方也会有短暂的联系，但这些都不是真诚的关系。"你可以想怎么说就怎么说，但如果你不去倾听，就不会有任何收获。"一天下午，我们坐在路虎车狭小的阴凉处啜饮浓茶，他跟我说道，"你必须关心他们，关心他们的问题。"

可以肯定的是，人们对野生动物的怨恨——或者说，更常见的是，跟野生动物有关的不同人群之间的怨恨——如此源远流长，又被社交媒体所放大，以至于极难解决。但是，大多数人，无论财力和地位如何，都不希望当地动物永远消失。如果有办法处理紧迫的野生动物冲突，他们往往会开始欣赏曾经讨厌的物种（比如大象、狼和野牛），并为动物做出相当大的牺牲。各地保护人士仍在努力激发公众关注微小而古老的物种（如蜗牛鱼），不过对野生动物的热爱和保护野生动物的自豪感，比保护人士通常想象的更为普遍。利奥波德所说的土地伦理，往往藏于表象之下，时机合适就会浮现出来。

20世纪80年代，柏莎·特吉庞博（Bertha Tjipombo）还是个年轻女孩，在普洛斯早期的社区会议上坐立不安，如今她已是保护地野生动物护卫的第一位女性领导人。她告诉我，保护地为牲畜遭到食肉动物袭击的成员提供补偿，分享旅游业和狩猎业的收益，"帮助人们从他们失去的东西中获益"。不过，与其他许多保护地成员一样，她说最持久的收益是无法衡量的："希望我女儿的女儿的女儿能看到我保护的东西。"

基于社区的保护，起初是想纠正自上而下的保护策略，不过它可以与大型公园和保护区平行运作，甚至可以促进建立公园和保护区。在库内内，两个相邻的保护地提议建立"人民的公园"：禁止牲畜进入，游客凭证参观，让狮子和其他大型食肉动物能更容易避免与人类发生冲突。如果国家立法机构批准这些保护地的建议，这个地区就可能出现迈克尔·苏莱为荒野地网络提出的"核心、廊道和食肉动物"愿景：在一块核心栖息地中，大型食肉动物可以在相对安全的环境中活动，因为这里的生物多样性不仅受到法律保护，还受到人类邻居的支持。

在 21 世纪第二个十年初，新一轮大规模的犀牛盗猎浪潮席卷南非，震惊了所有人。犀牛角粉是一种疗效可疑的传统药物，也是社会地位强大的象征。亚洲对犀牛角粉的需求激增，这刺激了国际犯罪团伙组织盗猎。盗猎不仅威胁到犀牛，还影响了秃鹫：盘旋的秃鹫会泄露盗猎分子的位置，为驱赶秃鹫，盗猎分子往往在犀牛尸体上投毒，造成秃鹫大面积死亡。秃鹫是食腐动物，在消除动物遗体、限制人兽疾病传播方面发挥着重要作用。非洲大陆的秃鹫种群数量本来就在急剧下降，如此一来，下降速度不断增加。

许多犀牛盗猎分子全副武装，南非以及其他非洲国家保护当局不得不加强武装，把公园巡护员变成兼职士兵。尤其在黑犀牛数量仅次于南非的纳米比亚，保护地尝试使用不同的方法。

欧文－史密斯预见到犀牛盗猎的冲击，说服几位年长的野生动物护卫复出，指导当时在职的护卫。这些护卫都太年轻了，对盗猎没有什么亲身经验。自 20 世纪 80 年代以来，纳米比亚保护组织拯救犀牛基金会一直在监测库内内犀牛的数量。为应对新的威胁，该组织提出与保护地合作，加强保护地的野生动物护卫系统。保护地同意了。2012 年 8 月至 11 月，基金会资助保护地任命十六名犀牛护卫员。当年

12月，一头犀牛在保护地内遭到杀害。这是几十年来库内内地区第一起犀牛盗猎事件。为拯救犀牛基金会工作的追踪者很快抓住盗猎分子，也找到了被锯掉的犀角。但警察机构不鼓励基金会、保护地的犀牛护卫和当地居民参与未来的侦查。在接下来的两年里，库内内有二十三头犀牛遭到盗猎，占该地区犀牛种群数量的 10%。

2015 年，欧文－史密斯和农村综合发展与自然保护其他领导人，以及拯救犀牛基金会主任辛森·乌里－霍布（Simson Uri-Khob），带领社区长老、当地警察、保护部代表和专业保护人士，实地考察一个犀牛盗猎热点地区。考察为期数日，之前一些长老没有意识到情况的严重性，后来则震惊不已。他们与保护地委员会开了几天闭门会议。据说，长老们在会上提醒年轻听众，他们的先辈取得过什么样的成就，他们现在就有什么责任继续保护野生动物。委员会羞愧难当，重新振作起来，与警察、部委官员和保护人士合作，制定了一项联合计划。保护地的犀牛巡护员和社区的野生动物护卫都没有武器，各方一直同意他们与当地警察联合巡逻。最终，巡护员制定了一项外联计划，鼓励所有社区成员注意并报告可疑的盗猎分子。

目前，保护地犀牛巡护员由基金会和保护地共同资助，并得到农村综合发展与自然保护的支持。三位区域经理负责协调巡护员，其中一位是博阿斯·汉博（Boas Hambo），一位三十多岁、衣着光鲜的赫雷罗人。汉博做过导游，也担任过农村综合发展与自然保护的野外官员。他在瓦尔姆克尔小镇的家中办公，但大部分工作时间都在路上，要么是为野外巡护员运送物资，要么就是与人交谈，了解他们的见闻。保护地一共雇用六十六名犀牛巡护员。由于保护地值得信赖，当地人经常给汉博通风报信，报告在灌木丛中看到的陌生车辆，或是在酒吧大声喧哗的陌生人。他和巡护员要么自己调查，要么转交给警察。这种非正式的邻里监督非常有效，大多数盗猎分子在接近犀牛前，就被告诫远离该地区。事实证明，定居的狮群也是有效的威慑者；盗猎分子经常需要在狮子活跃的夜晚工作，很容易被附近有狮群的消息吓走。在南非和其他地方，数百名盗猎分子和巡护员在交火中丧生。

2014年前后，托拉保护地成员瑞奇·比克斯在巡逻，看护犀牛。

保护地犀牛巡护员的预防措施，再加上警察加入联合巡逻，既能减少盗猎，又能避免与盗猎者正面相遇的危险。

2016 年，盗猎分子在库内内杀死三头犀牛；2017 年，他们杀死了四头。到 2019 年底我见到汉博时，已经整整两年没有犀牛遭到盗猎了。但他强调，巡逻还将继续进行。"沉默让我紧张，我总觉得盗猎分子在谋划着什么。"他的担心是有道理的。2020 年 4 月，在纳米比亚因新型冠状病毒大流行进入部分封锁状态后不久，巡护员在普洛斯保护地发现两具犀牛尸体，9 月份又发现两具。

在纳米比亚期间，我只看到过一头犀牛，不过已经感到非常幸运。当时这头年轻的公犀牛在一棵酸枝树稀疏的树荫下躲避正午时分的骄阳。它就在两百码开外，不过很容易错过它庞大的身躯。它动了动耷拉着的上唇，平静地注视前方，似乎对我们的车辆毫无畏惧。几分钟后，它转过身去，慢慢走开，抖动巨大的臀胯，消失在阳光下的灌木丛中。

小时候，约翰·卡萨俄纳经常看着欧文 - 史密斯和他父亲外出巡逻。如今，他担任农村综合发展与自然保护的执行董事，大部分时间待在库内内，不过也经常外出旅行。他曾飞往苏格兰和挪威，跟那里的农民和牧场主讨论人与食肉动物共存的问题；他曾应美国国务院邀请，在美国巡回演讲；他曾在 TED 年度会议上演讲，向技术人员讲述纳米比亚保护地的故事。

卡萨俄纳在海外演讲中简要地提到，纳米比亚社区保护地系统能取得成功，部分原因是战利品猎人贡献的收入。战利品猎人，也就是为射杀动物的特权而付费的游客。对许多保护地来说，战利品狩猎不仅是收入来源，还是维护人类和野生动物和平的手段，因为向导有时会引导猎人射杀个别对人有攻击性的狮子或大象。

卡萨俄纳很清楚战利品狩猎在听众心中的形象。西奥多·罗斯福站在一头倒下的大象旁边，被大象尸体和上翘的象牙弄得相形见绌。埃里克·特朗普咧嘴一笑，抬起一头豹子软弱的身体，他兄弟小唐站在他身边。2015 年，明尼苏达牙医在津巴布韦非法杀死狮子塞西尔，引起全球哗然。对欧美一些保护人士来说，非洲的战利品狩猎意味着人类对野生生物的罪孽。倾向于保护的运动猎人与其他野生动物保护倡导者之间的冲突旷日持久，光是提起战利品狩猎，就是火上浇油。

2018 年，史密森学会在华盛顿特区举办保护会议。卡萨俄纳介绍完社区保护后，一位年轻女性站到观众席的话筒前发言。"我认为演讲缺少一些东西。"她说。卡萨俄纳没有展示被战利品猎人杀死的动物的图片。访问纳米比亚的家庭观赏的狮子或大象，可能第二天就被猎杀身亡，而卡萨俄纳忽略了这一点。

在讲台上，卡萨俄纳承认，国际上对战利品狩猎存在争议，但是，管理良好的战利品狩猎仍然是纳米比亚保护地重要的收入来源。"在纳米比亚，我们之所以能取得今天的成就，是因为可持续利用。"他总结道。他还有很多话要说，但会议已经结束，任何深入讨论都被喋喋不休所冲淡。

将近两年后，我在斯瓦科普蒙德镇见到卡萨俄纳。斯瓦科普蒙德镇位于纳米比亚海岸线的中部。在这里，新兴的旅游业与过去的历史不断碰撞。在城郊，透过度假屋的大落地窗，可以看到一排排的沙丘。20世纪初，成千上万的战俘死于德国殖民者的集中营，这些沙丘就是他们的坟墓。一些历史学者认为，德国人在种族灭绝赫雷罗人和其他族群的殖民"战争"中设立的集中营，就是纳粹集中营的雏形[1]。

卡萨俄纳和我在殖民时代的汉萨酒店里边吃边聊。在这里，德语比英语用得更多，这两种语言又比纳米比亚二十四种本土语言和方言都要普遍。卡萨俄纳推开菜单，和蔼地要求讲德语的服务员"为我这样的赫雷罗大个子"推荐一道

1　1880年，德国占领了纳米比亚（时称德属西南非洲），建立了德意志帝国的殖民地。德国人奴役当地土著民族，征收了他们的土地和牲畜。仅仅几年时间，赫雷罗人就失去三分之二的土地和一半以上的牲畜，引起了赫雷罗和其他民族的反抗。德国军队残酷地镇压了当地民众的反抗，并对赫雷罗族人进行了持续的种族灭绝。赫雷罗族人被屠杀、驱赶，冻饿而死，原来的五十万到一百二十多万人，只剩下一万多人，濒临灭绝。一些侥幸活下来的妇女老弱，被德军押往集中营，被奴役摧残，悲惨而亡。

菜。几分钟后，一名赫雷罗服务员偷听到我们的谈话，端来一碟顶针大小的酸辣酱，郑重地当作主菜奉上。面对赫雷罗服务员善意的打趣，卡萨俄纳惊讶地停顿了一下，接着发出一阵爆笑。

我吃着丰盛的跳羚咖喱，请求卡萨俄纳解答史密森会议上的提问。"人们说，'我不喜欢他们对动物做的事'，但他们大多数人都不愿意住在会伤害他们家人的狮子附近。"他说，"人们将自己与动物的关系人格化，给动物起名字，但他们从不谈论有多少人被咬伤或被杀死。"

大多数来到纳米比亚的战利品猎人，追逐的是更常见的物种，比如跳羚。保护地的配额制度允许狩猎跳羚。依照《濒危动植物国际贸易公约》，如果猎杀的是某种全球受威胁物种，那么需要规定每个国家每年能猎杀的数量。2004年，公约缔约方批准纳米比亚和南非的申请，允许有限度地开展黑犀牛战利品狩猎。当时黑犀牛的种群数量已经恢复到每个国家每年可以射杀五头雄性犀牛。在纳米比亚，全国保护部要首先选定将被猎杀的犀牛，通常是已经变得具有攻击性或有地盘意识的老年个体，并发放狩猎许可证。

2018年，密歇根男子克里斯·佩耶克（Chris Peyerk）缴纳四十万美元，到纳米比亚射杀了一头黑犀牛。佩耶克回国后，向美国鱼类和野生动物管理署申请许可证，进口这头犀牛的皮、头骨和角。狩猎的细节很少，而公众严厉抨击。

佩耶克射杀的犀牛生活在纳米比亚东北部的曼格蒂国家公园。这个公园由全国保护部和当地一个保护地共同管理。保护部称，这头犀牛是二十九岁的雄性，妨碍了年轻雄性与雌性的交配。佩耶克缴纳的费用远超大多数保护地的年度收入。这笔费用存入全国狩猎产品基金会，就能向保护地和其他保护组织提供资助。

卡萨俄纳承认，纳米比亚的战利品狩猎制度并不完善——猎人杀错动物的情况也有发生——但从长远来看，这种制度可以减少人与野生动物的冲突，对保护地和相关物种都有好处。当国际保护组织承诺监管和谴责战利品狩猎时，卡萨俄纳听到了"另一种形式的殖民"——这种监管和谴责侵犯了他和同僚耗费几十年时光建立起来的地方权威，也威胁了他们所依赖的收入来源。"这意味着，如果非洲人选择的利用方式得不到西方祝福的话，他们就会采取措施阻止我们。这对我们没有丝毫好处。那些一旦战利品狩猎被禁止就生计无着的人们，又能说什么呢？"

卡萨俄纳认为，全球对战利品狩猎的限制，不过是对复杂情况的简单化反应，也就是埃莉诺·奥斯特罗姆蔑称的万能神药。不是所有的国家都相同；不是所有的保护地都相同；不是所有的保护地成员都相同。也许，甚至不是所有的战利品猎人，都像蕾切尔·卡森曾经评价利奥波德的那样，是"彻头彻尾的野蛮人"。甚至说，就是有少数狮子和大象比其他狮子和大象要危险得多，那些由于危险动物而失去亲人和生计的人可以做证。

那些战利品猎人和动物尸体在一起的图片像病毒般传播，似乎都在传递相同的信息，其实不是。当然其中也有腐败或无谓的暴力，但在理想情况下，它们可以成为可持续利用的例证：以前被殖民的人们，利用殖民者的怀旧情绪来促进多个物种的生存。

我从纳米比亚回来后不久，欧文－史密斯得知他患了二十多年的淋巴瘤已经扩散到肝脏。2020年4月11日凌晨，他在雅各布森的陪伴下辞世，留下两个儿子和一个孙子。欧文－史密斯去世后，农村综合发展与自然保护立即发出悼信："几十年间，纳米比亚保护领域的许多从业者和领导人都受益于加斯的影响和指导。"欧文－史密斯不仅花了半个世纪推动纳米比亚当地的保护力量，还确保这种力量将在他去世后继续发挥作用。

纳米比亚的保护地不能解决的问题还有很多：它不能解决气候变化；不能解决贫困；不能减少全球对非法野生动物产品的需求，也不能控制主宰贸易的暴力集团；不能保护其成员不受短视的工业发展或经济冲击的影响，比如新冠病毒大流行就抹去了保护地2020年的旅游收入。然而，纳米比亚的保护地恢复了保护金字塔中至关重要的权力层，赋予社区能够应对更大威胁的政治权力。20 世纪 90 年代初和 21 世纪初，纳米比亚政府两次与外国投资者合作，提议在该地区最大的河流上修建水坝。当地以保护地为核心组织起来，共同阻止了这些项目。

在纳米比亚以及其他地方，基于社区的保护的真正局限在于，它需要很多年的时间——有时甚至是几代人——才能发展起所需要的关系和机制，而许多物种已经没有时间等待救援了。紧急措施可以避免物种灭绝，但很少能使物种恢复到数量丰富的状态。对今天的保护人士来说，威拉德·范·纳姆和罗莎莉·埃奇的格言历久弥新：物种仍然常见时，正是保护它的时机。

第九章

少数拯救多数

在弗吉尼亚州布莱克斯堡，汤姆斯溪沿着郊区的边缘弯弯绕绕，细流涓涓，举步可过，浅溪潺潺，寸尺之间。岸边草丛密布，绿树成荫。我举起双筒望远镜，聚焦于几英尺外的清澈河水，觉得自己有点儿傻。但是，当视野逐渐清晰，我所看到的东西又是如此美丽和奇怪，我不禁屏住呼吸。

　　在水面之下，几十条拇指粗细的黄黑色小鱼逆流而上，猛烈扭动身躯。它们挤在一起，盘旋在一堆鹅卵石上，相互争抢位置，推推搡搡。每隔一会儿，就有一条更大、更白的鱼，衔着一块比它脑袋还大的鹅卵石游过来，把卵石轻轻垒到卵石堆上。黄黑相间的鱼，还在不停地扭动。整个场景还没有飞盘大，却如热带珊瑚礁般繁忙和神秘，让我的视野充满色彩和运动。

　　埃马纽埃尔·弗林蓬（Emmanuel Frimpong）站在我身边，穿着齐胯高的橡胶水裤，对我的惊讶咧嘴一笑。他用混杂英国和加纳口音的英语向我介绍这个场景。运载卵石的是小头美鳉，卵石堆是它们的巢。它们每年春天筑巢，在河床上蔓延出数码。除了小头美鳉，还有九种鱼使用这些巢穴，其中至少有七种也在卵石堆中产卵，并且参与保护巢穴。黑黄相间的鱼是红腹鳉，它们疯狂舞动，以免淤泥沉积在巢穴上，让鱼卵窒息。其他鱼类在附近徘徊，弹走淤泥，或是防范小龙虾和鳄龟。数百条鱼包围着一个巢穴，杂乱的鱼群颜色缤纷，从淡蓝色、粉红色到灿烂的金黄色和赤红色都有。

弗林蓬观察这些巢穴已经有十年了，他说还可以继续观察几十年。不过，他当初发现这些鱼，几乎纯属意外。他在附近弗吉尼亚理工大学的鱼类和野生动物保护系工作。入职后，他才开始研究小头美鳉，因为这些鱼数量众多，栖息地距离校园又近——对预算有限的初级研究人员来说，这是关

在汤姆斯溪中，在红腹鳉、中央石首鱼和白闪光美洲鳉的包围下，一条小头美鳉（上方）准备将一块卵石放在巢穴上。

键的优势。在对小溪的初步调查中，弗林蓬和他的学生们在溪床中看到成堆的卵石，逐渐意识到这些卵石是一场复杂的生存运动的大本营。汤姆斯溪中的常见鱼类正在呈现非同寻常的行为。其他地方偶尔会观察到这些行为，但很少有人仔细研究过。

汤姆斯溪流经镇上的公园。那里备受慢跑者、遛狗者和观鸟者的欢迎，路人有时会停下来与弗林蓬和他的学生交谈。从公园小路上好几处都可以看到鳑鱼的巢穴，不过游客们了解到小溪里发生的事情时总是感到惊讶。我请弗林蓬描述他们最常见的反应，他笑了。

"喜悦。"他说。

人们对其他物种的热爱，往往始于童年时的丰富经历——可以是邻家小溪中闪动的鱼儿，可以是熟悉的山谷中成群迁徙的麋鹿或角马，又或是奥尔多·利奥波德年轻时在家乡艾奥瓦州的草原上观看的鸟群。许多早期的保护人士，都试图维持动物的丰富度。与鸟羽贸易做斗争的妇女们，想要拯救美国东南部数量繁多的鸟类。罗莎莉·埃奇建立鹰山保护区，保护当时还很常见的迁徙猛禽。有保护意识的猎人游说政客，制定对他们有利的狩猎法，保护目标动物的健康种群。

但是，保护人士对全球物种灭绝问题变得更加警觉，世界自然保护联盟物种红色名录、美国《濒危物种法案》和类似的法律，将人们的注意力从维持丰富度引向防止灭绝。20世纪80年代，迈克尔·苏莱创立保护生物学这个"危机学科"时，保护人士的确受到危机的驱使，彼时众人均预料人类将造成全球物种大灭绝。

我们知道，过去五百年间，地球丧失了七百五十五种动物和一百二十三种植物。这份名单包括渡渡鸟、旅鸽、卡罗莱纳鹦哥、加拉帕戈斯群岛的平塔巨龟，以及其他不知名的物种，如长颌鳕鱼。长颌鳕鱼来自北美五大湖，长约一英尺，是《濒危物种法案》宣布灭绝的第一批物种之一。在红色名录的"野外灭绝"和"极度濒危"之间徘徊的，还有数以千计的物种，包括在20世纪80年代全球真菌病大流行中灭绝的近三百种两栖动物。

我们还知道，关于灭绝和濒临灭绝的统计是不完整的。尽管林奈和自己的弟子以及后来几代分类学家一直在辛勤工作，但在全球约九百万个物种中，绝大部分都还没有被正式描述和命名，只有不到十万种曾被彻底调查。许多物种从未被科学家记录或观察过，就在人类活动中悄然湮没。有些物种，如加拉帕戈斯群岛的朱红霸鹟，直到最后一只个体死亡后，才被人类所认识。

究竟有多少物种正在灭绝，灭绝的速度有多快，由于未知因素过多，对这些问题的估计变得错综复杂。在20世

亲爱的野兽

纪 90 年代，生态学家斯图尔特·皮姆（Stuart Pimm）及其同事计算出的灭绝率，是人类出现之前的"背景灭绝率"的一百到一千倍。原本对背景灭绝率的保守估计是，每百万个物种每年灭绝一种；但最近对化石记录的研究表明，背景灭绝率可能还要低得多。如此一来，人类目前造成的灭绝率就达到了皮姆估计的上限，即每百万个物种中，每年会灭绝一千种。按照我们对全球物种数量的最佳估计，这意味着人类活动每年会灭绝九千个物种。

许多生物学家都认为，我们正接近或已经进入第六次大灭绝。与地球过去经历的五次大灭绝不同，这次大灭绝主要是由人类造成的。保罗·埃利希就持这种观点。埃利希的关注点并不是物种，而是构成物种的种群。他特别指出，虽然目前对灭绝物种的统计已经敲响了警钟，但它不能反映物种局部的衰退和灭绝。局部的物种衰退和灭绝已经影响到生态系统，预示情况还会变得更加糟糕。"物种灭绝很难被发现，但也很容易——就在我们的眼皮底下发生，"他告诉我，"物种灭绝是一个过程的最后阶段，在这个过程中就已经剥夺了很多你想要的东西。"

2017 年，埃利希与同事杰拉尔多·塞巴洛斯（Gerardo Ceballos）、鲁道夫·迪尔佐（Rodolfo Dirzo）分析了近两万八千种脊椎动物——几乎占了已知脊椎动物的一半。分析表明，自 1900 年以来，三分之一的物种种群规模和分布范围都在下降。他们进一步检查一百七十七种兽类，发现在同一时期，所有兽类的分布范围都至少萎缩了30%，超过40%的兽类经历了严重的种群下降。埃利希及其合作者在《国家科学院院刊》上撰文，将这种趋势定性为"生物湮灭"（biological annihilation）："我们有数据表明，除了全球物种灭绝，地球正在发生巨大的种群下降和灭绝事件。这将对生态系统功能和服务接连产生负面影响，而生态系统功能和服务正是维持人类文明的根基。"

自从威廉·霍纳迪在布朗克斯饲养野牛以来，生物湮灭的主要原因并没有什么变化：人们仍然在杀害太多的动物，破坏太多的栖息地。2016年，通过分析红色名录上八千多种濒危和近危的动植物，研究人员发现最普遍的威胁是过度利用（非法或不可持续的狩猎、捕鱼、伐木和植物采集），紧随其后的是为获取食物、饲料或燃料而破坏栖息地。

如今，气候变化进一步放大了这些长期存在的威胁的影响。全球升温驱使陆地和海洋物种向两极转移。在这个过程中，有些物种能适应，有些物种却不能。炎热和干旱使得森林虫害更为严重，还会导致更具破坏力的野火出现。珊瑚礁为四分之一的海洋物种提供食物和庇护所，但它们正受到海洋酸化（由海水吸收大气中的二氧化碳引起）和水温上升的威胁。2016年和2017年，包括大堡礁在内的海洋公园，无法抵御连续不断的热浪，一半珊瑚严重受损。因为高温、洪水和干旱，人类更难种植食物和定居，可能会给其他物种带来更多压力，杀死更多动物，破坏更多栖息地。2019年，一个国际生物多样性专家小组估计，几十年内全球可能灭绝一百万个物种，也就是所有动物和植物的四分之一。

保护生物学作为危机学科，以及保护作为危机反应，这种概念无疑对保护种群和物种做出了贡献。保护人士不善于衡量自己的进展，毕竟总有另一个危机要处理。但一项分析发现，自20世纪80年代以来，保护工作已经至少将脊椎动物的灭绝速度减缓了20%。当然，过去一个半世纪的保护工作让许多物种避免了灭绝的命运，比如野牛、白头海雕和黑犀牛。世界自然保护联盟正在制定一份物种恢复的"绿色名录"，希望呼吁人们关注成功案例，激励其他人。

但是，危机要求采取紧急措施，而紧急措施几乎总是既昂贵又短暂——人们动手抵御灾难时，很少考虑根本原因或长期后果。更大的保护项目——保护支持地球所有生命的关系——不能仅靠紧急措施来完成，必须从常见物种开始。

埃马纽埃尔·弗林蓬在加纳南部长大，那里曾是强大的阿散蒂王国的中心。20世纪80年代，那时他还是个孩子，他的家乡奥布阿西被全球最大的金矿所控制。弗林蓬的父母是教师，但该市一半以上的成年人都在金矿上班。当他听到

"自然资源"这个词时，想到的不是动物或植物，而是黄金。

弗林蓬大约十岁时，他的父亲和叔叔开始带他外出捕鱼，徒步十英里到一条尚未被矿井污染的溪流中。他们用鱼钩、一些麻绳和长棍钓鱼，钓到的每条鱼都是食物。很快，弗林蓬和朋友们开始自己去，用自制的竿子钓小鱼，活捉常见的鸟类，在市场上当作宠物出售。

像许多加纳中产阶级一样，弗林蓬的父母希望儿子能成为医生或工程师。"他们不喜欢抓鸟的职业。"他干巴巴地回忆道。但是考进医学院很难，弗林蓬尝试过一次，但失败了，于是决定报名参加加纳科技大学新设立的可再生自然资源课程。这个课程偏重管理，比如如何管理渔业以获取食物、管理森林以获取木材，不过他学习到其他物种也需要保护。他给一位教授当过研究助理，花了三个月时间识别当地市场上出售的各种动物的部件，数过好几百条鹿的尾巴、獴的爪子和豪猪的刺。他碰到过穿山甲和其他物种的遗骸，他知道这些物种正在减少。

加纳位于几内亚湾沿岸，非洲的"下巴"里，1957年宣布脱离英国独立。加纳的独立拉开了非洲大陆独立运动的序幕，朱利安·赫胥黎和其他欧洲保护人士对此非常关注。殖民地政府和独立政府都颁布了森林保护法律和法规，但据估计，20世纪加纳因伐木和农业发展丧失了近一千万英亩的森林。许多动物曾经遍布全国，如今退缩到公园和保护区内，即使在那里，生计狩猎也将兽类种群消耗殆尽。

因此，1999 年，当弗林蓬前往肯尼亚参加为期一个月的热带生物学课程时，他和其他外国游客一样对肯尼亚的野生动物感到震惊。他知道肯尼亚的国家公园很少让当地人受益，但他看到它们在支持经济和生态系统方面潜力巨大。保护受威胁的物种不仅是一种激情，也可以为人们带来实际的帮助。

加纳没有保护生物学的研究生课程，弗林蓬开始在国外寻找。21 世纪初，他和妻子搬到美国，在研究生期间先是研究水产养殖的环境影响，后来又研究土地利用对淡水鱼群

2020 年 6 月，埃马纽埃尔·弗林蓬在汤姆斯溪工作。

的影响。从一开始，他就不仅对研究物种的生物学感兴趣，还对保护的社会和经济问题兴趣盎然。他兴趣广博，不过寻求学术职位时却面临一些困难。"人们会问：'你是渔业生物学家，还是渔业经济学家？'"他回忆道。

来到弗吉尼亚理工大学时，他明白需要开辟自己的生态位——筹集研究资金，取得职业进步，吸引研究生，并为保护做出贡献。在他所在的学院，知名渔业生物学家已经在研究猎物物种、濒危物种、海洋物种和较大的河流物种。无人问津的领域为数不多，其中一个领域就在汤姆斯溪，研究小头美鳁。在这里，他不仅找到了研究项目，还找到了保护的新视角。"学校教我认识濒危物种，"他说，"这些鱼教我认识常见物种的重要性。"

传统上，研究种间关系的生态学家一直关注竞争和捕食，因为它们对进化有既定的重要性，也因为它们往往比合作更明显，更容易记录。研究人员对互惠关系的关注相对较少。人们有时候怀疑对互惠关系的报告，就跟他们怀疑埃莉诺·奥斯特罗姆关于人类合作的研究一样。然而，在汤姆斯溪小头美鳁的巢及其周围，弗林蓬和他的学生们发现，不同种类的鱼首次相遇时经常相互挑战，但很快就达成和解，加入一个集体，为小溪中至少十种鱼服务。

小头美鳁的价值不能用稀缺性、卡路里或旅游潜力来衡量。我们可以欣赏它的合作本能，惊叹其巢穴的小巧华丽，认可它对生态系统服务的贡献。但是，在我们自己的生活中，它的作用很大程度上"难以捉摸"，正如蕾切尔·卡森曾经把海带称为"一缕原生质"。然而，对于生活在小头美鳍身边的鱼类来说，这种不受保护、不受关注的物种是不可或缺的。

这种鳍鱼，让我想起加斯·欧文－史密斯早年在纳米比亚沙漠的故事。他喜欢讲这个故事。当时他和一位同事调查当地植物的药用和其他实用价值。有一天，他们向一位辛巴族长者询问一种普通树木的用途。通过翻译，长者回答说，他没用那种树做过任何东西。"所以它没有价值。"欧文－史密斯的同事说。长者抗议说，他没有说过这样的话。"它当然有价值，"他骂道，"鸟儿要坐在它的树枝上。"

从我们发现的第一个鱼巢，往汤姆斯溪的上游去，水更深、更冷。当我们溯溪而上，水流紧紧地裹住我的水裤。在淤泥底部，鱼巢仍然清晰可见。有些鱼巢小且身处安静的环境中，在最近的寒流过后被遗弃。有的鱼巢堆满数以万计的卵石，鱼群涌动。

自从研究小头美鳍以来，弗林蓬已经收集了几乎所有大陆淡水鱼类互惠建巢和繁殖行为的报告。他确信，在加纳也能找到这种现象，因为他小时候经常捕捉到头部类似小头美鳍的小鱼。但在热带非洲，溪流被淤泥弄得很浑浊，鱼类调查要比在岸边散步复杂得多。那里体形较小的淡水鱼类，只有很少数被详细描述过，红色名录评估过的物种就更少了。任何一种鱼类都可能攸关其他鱼类的存续，包括那些人类赖以生存的鱼类。在加纳，鱼是动物蛋白的主要来源，健康的鱼群可以缓解对兽类的狩猎压力。

弗林蓬已经在加纳和喀麦隆建立了研究项目。未来几年，他希望能在非洲花更多的时间。他和妻子定期访问加纳，保持与祖国的联系。他的两个孩子在布莱克斯堡长大，与他们父母的祖国有着密切的联系。弗林蓬希望在热带非洲建立更全面的鱼类研究项目，深入研究淡水溪流的浊水中的关系网。"如果我不这样做，"他告诉我，"我会觉得有些事情没有完成。"

过去一个半世纪以来，保护运动已经设法为猎物物种（通过狩猎法规和野生动物保护区）、许多鸟类物种（通过国家法律和国际条约）以及一些受威胁和濒危物种（同上）提供庇护。保护运动还没有想出，如何以系统的方法来保护其他一切。"自然倡导者已经获得了大部分他们想要的东西，"法律学者霍莉·多雷姆斯（Holly Doremus）写道，"但他们没有要求他们真正想要的东西。"

目前对常见物种的保护，大多数情况下，是保护衰退物种或可食用物种的附带收益。为濒危的顶级物种设计的保护措施，可以保护一系列常见物种。为猎物物种或濒危物种建立的野生动物保护区，也可以保护常见物种。

1971 年，《拉姆萨尔国际重要湿地公约》在伊朗海滨度假胜地拉姆萨尔签署。该公约的初衷是保护水禽，不过公约规定保护泥炭沼泽、红树林沼泽、珊瑚礁等多种栖息地——这些地方既有受威胁的物种，也有常见的物种。1982 年，《伯尔尼公约》生效，几乎所有欧洲国家和四个非洲国家批准了该公约。《伯尔尼公约》强调对受威胁物种的保护，但也肯定所有物种的重要性，要求——不是建议——缔约方"维持野生动植物的数量"。

1992 年，《生物多样性公约》生效，这是最重要的国际生物多样性保护协议。公约缔约方承认所有物种的重要性和"生态系统方法"在保护上的价值。除美国外，所有联合国成员国都批准了该公约。2010 年，根据该公约制定的十年保护目标，大幅提高了保护地的面积，特别是海洋保护区。然而，像多数国际协议一样，《生物多样性公约》的成功取决于缔约方的善意。研究人员发现，新建的保护地对生物多样性的实际收益不多，而且缔约方未能兑现这方面的目标。

像美国《濒危物种法案》一样，这些公约以及其他国际保护倡议和协议必不可少，但还不够。现实情况是，我们目前对常见物种在地方、国家和国际层面的保护，不足以让它们依然常见。因此，这些保护措施不足以在地球边界内维持人类生存，或阻止第六次物种灭绝。最近一项研究发现，过去一百年间，持续的保护行动有效保护了北美的猛禽和水禽，但自 1970 年以来，北美鸟类总数下降了近三分之一——损失了约三十亿只鸟。"我们过于关注物种灭绝，"作者写道，"低估了生物变化的程度和后果。"

　　如果有更多的资金、更广泛的权力或更多的民众支持，当然可以加强对常见物种的保护，几十年来保护人士也一直在捍卫和逐步扩大保护措施。但是，保护人士如何才能获得他们真正想要的东西——大量、到位、永久地保护物种？一种方法是重建当地保护机制，就像纳米比亚社区保护人士所做的那样，通过他们重新唤起人类对所有物种的责任感。另一种方法是在现有机制内工作，利用现有机制讲述不同的故事。

　　1971 年 10 月，各国官员齐聚伊朗签署《拉姆萨尔湿地公约》的几个月后，克里斯托弗·斯通（Christopher Stone）在南加州大学法学院的财产法导论课上，试图吸引桀骜不驯的学生们的注意力。他观察到，在人类历史上，对财产的定义发生过根本性的变化。定义的变化，不仅改变了社会内部的权力分配，而且改变了社会对自身的看法。他大声询问，如果从根本上重新定义"权利"，会有什么效果。如果法律权利扩展到其他物体上，比如河流，或者动物、树木，会是什么情况？"这只是个小小的思想实验，"几十年后斯通回忆说，"但学生们的反应挺诚恳，一片哗然。"

很快就下课了，学生和他们的教授都松了一口气，但斯通并没有放弃他的思想实验。他给法律图书馆的咨询台打电话，询问是否有什么未决案件，自然物的"权利"可能会影响结果。半小时内，图书管理员回电，推荐了塞拉俱乐部诉希克尔案。

该案涉及在加州内华达山脉荒野地带矿王谷拟建的沃尔特·迪士尼度假村。塞拉俱乐部的法律辩护基金质疑美国林务局授予迪士尼公司的开发许可证，但审理此案的法院裁定塞拉俱乐部没有"资格"。俱乐部本身不会受到开发的"侵害"或"不利影响"，它没有权利提出起诉。俱乐部已提出上诉，此案很快将提交给美国最高法院。

斯通匆忙在即将出版的《南加州法律评论》中撰写了一篇文章。"我非常严肃地提议，给森林、海洋、河流和环境中其他所谓的'自然物'以法律权利。事实上，给整个自然环境以法律权利，"他强调说，他的意思并非不允许砍伐任何一棵树，"说自然环境应该有权利，并不是说它应该有我们可以想象的所有权利，甚至是与人类一样的权利，也不是说环境中的一切都应该拥有与环境中其他事物相同的权利。"

斯通的论点是，自然物不应该依赖塞拉俱乐部的法律地位，而应该给予它们自己的法律地位。斯通认为，如果森林、海洋和河流拥有法律地位，法院批准的人类"监护人"可以代表它们起诉，就像法律代表可以代表无行为能力的个人或倒闭的公司起诉一样。这些监护人将代表自然物的利益，而法院将把任何赔偿判给自然物本身，也许是以自然恢复资金的形式。

就像人所拥有的权利——比如投票权和财产权——许多目前赋予自然物的保护可以有多种解释，在某些情况下能被加以限制。斯通预言，赋予自然物以法律地位，倡导保护的人士就可以阐明限制保护的后果，并在法院和公众眼中提高这些后果的分量。

在一期法律评论上，斯通有意发表了《树木应该有地位吗？》一文。因为最高法院法官威廉·O. 道格拉斯（William O. Douglas）同意给这一期写序，于是文章找到了目标读者之一。1972 年 4 月，最高法院做出了不利于塞拉俱乐部的裁决，但道格拉斯在异议书的开篇引用了斯通的论点。"当代公众对保护自然生态平衡极为关注，应赋予环境对象以诉讼权，以保护它们自己。"道格拉斯写道。他引用利奥波德的话给自己的反对意见收尾："土地伦理只是扩展了共同体的边界，包括土壤、水、植物和动物，或者统称为：土地。"法院裁决后，公众继续反对迪士尼的开发，公司高层最终对该项目失去兴趣。矿王谷现在是红杉国家公园的一部分，仍然没有被开发。

道格拉斯不同寻常的反对意见引起了媒体的注意，斯通的论点被广为嘲笑。一位律师写道："如果道格拉斯法官得逞——/那可怕的一天千万别到来——/我们将被湖泊和山丘起诉/寻求补救的办法。"后来，密歇根州一个上诉法院以打油诗的形式发表了一篇评论，开篇是"我们认为永远不会看到/赔偿一棵树的诉讼"。

法律系的学生继续争论斯通的论文，但在文章发表五十年后，"赔偿一棵树的诉讼"的概念似乎不再牵强。斯通文章发表两年后，美国《濒危物种法案》签署生效，其中有一条规定，允许公民对涉嫌违反该法案的行为提起诉讼。此后，法院授予斑林鸮、红松鼠、佛罗里达礁鹿和其他濒危物种以公民诉讼的共同原告资格。

在《人类的由来》一书中，查尔斯·达尔文指出，在人类历史的进程中，智人变得更"温柔"，其"同情心"变得"更宽泛，先是延伸到所有种族的人，接着延伸到低能者、残废者和其他无用的社会成员，最后延伸到低等动物"。当然，历史并不是线性发展的。从我们自己的时代就可以看出，同情心的收缩和它的扩张一样快。2020年，美国鱼类和野生动物管理署提议，大力削减一个多世纪前《候鸟条约法案》赋予鸟类的保护。不久前，人们还认为赋予许多人类群体权利是荒谬且遥不可及的，比如给妇女、儿童、有色人种、残疾人、没有财产的人，如今，他们已经拥有不可剥夺的权利。而且，我们对其他物种的同情已经转化为法律权利。

2017年，新西兰最长的通航河流旺格努伊河（Whanganui River）获得法定人权。自19世纪中期以来，殖民政府和全国政府一直控制着旺格努伊河，但毛利人原住民从未甘愿放弃对这条河的历史诉求。在新西兰的法庭斗争中，旺格努伊河是最为旷日持久的主题之一。2010年，毛利法律学者雅辛塔·鲁鲁（Jacinta Ruru）和学生詹姆斯·莫里斯（James Morris）在一篇文章中指出，斯通关于自然物法律地位的概念，与毛利人关于河流是生命体的概念类似。之后，政府官员和毛利领导人提出这个想法：如果他们不能确定谁拥有这条河，也许在某种意义上，河流应该属于它自己。2014年，双方达成和解，承认旺格努伊河和它的支流以及"所有物理和形而上的元素"是"有生命的、不可分割的整体"。三年后，经过以毛利语和英语进行的议会辩论，该解决方案变成法律。

在旺格努伊河上，人类曾为水力发电而筑坝，为开采砾石而采矿，为汽船通行而炸毁礁石，河水还受到城市污水的污染。如今，它将由两名监护人代表出庭，一名由与该河关系最密切的毛利人团体决定，另一名由全国政府选择。这与斯通提议的安排并无二致。法律地位对旺格努伊河到底意味着什么，肯定会成为未来诉讼的主题。但该协议改变了这些争论的条件。"法律，就像我们最基本的社会故事一样，不仅提醒我们是什么，而且提醒我们渴望成为什么，"霍莉·多雷姆斯写道，"因此，嵌入法律的故事是塑造社会和社会态度的强大力量。"通常，法律加强现有的观念。有时，法律会扩大我们对可能性的认识。

旺格努伊立法之后，涌现出越来越多类似的法律。这些法律在细节上有所不同，但它们取代了斯通所说的"自然是有用的无意义物体的集合"的观点，普遍承认河流、森林或动物的价值远超它们为人类提供的服务，容忍和维持它们的责任和成本，不应由少数不幸的人承担，而应该由整个社会承担。

新西兰生物学家和人类学家梅尔·罗伯茨（Mere Roberts）是毛利人后裔。她表示，对毛利人的世界观最恰当的描述，可能是"以亲属为中心"，人类彼此之间以及人类与其他生物世界的关系，是由多种互惠关系联系起来的。这种观点跟利奥波德的普通公民权概念一样，承认我们与其他物种的关系有些是消耗性的，有些是掠夺性的，有些对双方都造成了损失。这种世界观还认识到，所有关系至少都有一些互惠的潜力，即使只是最广泛的意义上的生物金字塔内的能量流动。

作为个体和物种，生物体是相互依存的共同体的一部分，存在于利奥波德曾经想象的"普遍共生"的相互关系网中。鉴于人类能够对其他物种造成伤害，可以理解的是，在保护运动的过程中，有些人试图切断我们与其他物种的关系，划定严格的界限，试图限制我们对其他生命形式的剥削。

界限对保护是有用的，也将继续发挥作用。就像伊索寓言一样，生态学发现人类与其他生命的关系既不可避免，也不可避免地复杂。保护的巨大挑战是以多种形式维持复杂性，由此保护地球所有生命未来的可能性。为此，没有什么"万能神药"。

两栖智人

秋高气爽，在加州南部圣迭戈动物园野生动物馆深处，一头两个半月大的小犀牛爱德华围着母亲维多利亚玩耍。维多利亚产下爱德华时，她的体重约为五千磅，而爱德华是一百四十八磅。此后几个星期，维多利亚的体重没有什么变化，爱德华的体重增长到原来的三倍多，达到五百磅，鼻子上还长出两个小角点。维多利亚走到围栏门前，那里有一桶干草。爱德华匆匆跟过来，把布满灰尘的巨大下巴从铁栅栏里探出来，一边喷着鼻息，一边享受人类的亲昵抓挠。

爱德华是南方白犀牛。南方白犀牛与西南黑犀牛亲缘关系较近，受到纳米比亚社区保护地的保护。这两个亚种都面临盗猎的威胁，但没有即将灭绝的危险。然而，爱德华非常独特：它是北美第一只通过人工授精出生的白犀牛。经过几十年不受控制的狩猎和盗猎，另一个亚种北方白犀牛已经功能性灭绝。重建北方白犀牛野外种群仍然任重道远，但爱德华的出生使人们朝目标迈出了一步。

动物园和其他地方的研究人员希望使用遗传技术将冷冻的皮肤细胞转化为干细胞，再转化为有活力的精子和卵子，从而"逆转"北方白犀牛的灭绝进程。如果能成功培育北方白犀牛的胚胎,研究人员将把它们植入南方白犀牛的子宫。产下的北方白犀牛将由人工饲养,最终重新引入到非洲中部的原产地——如果能降低盗猎风险的话。

然而,拯救北方白犀牛或任何犀牛的这些高科技饲养技术,都还没有完全开发出来。遗传学研究仍处于早期阶段。体外受精的标准方法需要巨量冷冻精子,只能采取替代手段。犀牛的子宫颈紧密而扭曲,胚胎植入非常复杂。动物园聘请工程师团队开发了一种机器导管。导管可以伸入母犀牛两英尺长的阴道内,绕过子宫颈,将胚胎放入子宫内。这个装置看起来像是超大号的口腔排涎器,像蛇一样蠕动。

2018 年初,技术员将一只南方白犀牛胚胎成功植入维多利亚的子宫。经过十六个月的妊娠和三十分钟的分娩,她于 2019 年 7 月 28 日产下爱德华。这证明人工授精和胚胎植入技术可以生产健康的犀牛宝宝。爱德华的出生成了全国新闻,甚至《人物》杂志的"宠物"栏目都有提及。在圣迭戈,动物园的科学家、犀牛饲养员团队以及大部分市民都在庆贺它的诞生。

圣迭戈动物园有过一段历史,其保护遗传学主任奥利弗·莱德(Oliver Ryder)称之为"满怀希望的干预"。最为著名的是,在 20 世纪 90 年代初,动物园在加州神鹫圈养繁殖和放归野外的工作中发挥了核心作用。莱德及其同事对爱德华的出生和随后的研究进展感到兴奋和高兴，但他们都知道，还有几年、甚至几十年耗资不菲的工作要做，而且失败的可能性远远大于成功。他们也知道，在实验室和犀牛圈里取得的成功，只是回到了传统物种保护的起跑线。控制盗猎，保护栖息地——提供足够的食物、水、空间和安全保障，让新的种群能够繁殖、适应和持续生存——所有这些复杂的问题仍然摆在面前。

开发任何新的遗传或繁殖技术，都需要艰苦的试错。我们大部分人远离实验室，容易投射过多的希望。如果我们能够绕过渐进的、不确定的、充满政治色彩的物种及其栖息地保护，只是简单地……制造更多的动物，岂不是很妙？那些熟知内情的人说，但这并不简单。加勒比海库拉索岛的海洋生物学家马克·弗尔麦伊（Mark Vermeij）参加过一个国际项目，人工饲养濒临灭绝的珊瑚幼虫，用于恢复退化的珊瑚礁。"人们找到我们，说，'啊，这很棒，大堡礁现在就很好'，"他告诉我，"这就像是'你到底在说什么呢'。"

在他们一生的交谈中，朱利安和奥尔德斯·赫胥黎兄弟经常把人类描述为两栖动物。对朱利安来说，这个比喻表达了他的希望，即人类很快掌握自己的进化，转变为真正特殊的物种。对奥尔德斯来说，这描述了人类由来已久的两面性。"无论我们是否愿意，我们都是两栖动物，同时生活在经验世界和概念世界中。一个世界是对自然、上帝和我们自身的直接理解；另一个是抽象的、形于文字的知识世界。"他写道，"作为人类，我们的任务是充分利用这两个世界。"

在过去的一个半世纪里，保护运动一直在经验世界和概念世界中工作，从两者中汲取营养，为其他物种提供庇护。保护故事的道德观会不断变化，就像伊索寓言的道德观一样。不过，保护人士已经牢固树立信念：不仅要保护其他物种，还要保护它们之间的关系；不仅要防止灭绝，还要保护可能性。从生态学和保护生物学中，保护人士了解到其他物种需要什么才能持续生存；从社会科学以及现实世界的实验中，如纳米比亚的社区保护地实验，保护人士正在学习如何更公平地分配满足这些需求的负担和收益。

但现在，我们所有人脚下的土地正在发生变化。在19世纪中叶，欧美人士努力应对这样一种消息：人类不像他们曾经认为的那样特殊，但足以让其他物种走向灭绝。在我们这个世纪，不受欢迎的消息是：人类还可以恶化全球气候，使海洋酸化，破坏生态关系，不仅能灭绝个别物种，还能大规模毁灭物种。同时，新的基因编辑工具正在放大我们对其他物种的影响，让我们能够梦想逆转灭绝，甚至厨房里的化学家和中学生都能合成新的生命形式。尽管达尔文已言之凿凿，但鉴于人类不断增长的破坏和创造能力，我们依然可能怀疑，人类是不是神。

生物化学家詹妮弗·杜德纳（Jennifer Doudna）是 CRISPR 基因编辑技术的先驱之一。她在 2017 年如此总结合成生物学的影响："我们正站在一个新时代的风口浪尖上。在这个时代，我们能够干预生命的遗传构成，及其所有充满活力和多样化的产出。"朱利安·赫胥黎会很高兴，无论从哪个角度来看，前景都是诱人的。狂热分子推测，利用合成生物学工具，人类可以消除遗传性疾病，研发低投入、高产量的作物品种，带来改良版的"新绿色革命"，用生物工程生产无碳能源取代化石燃料。人类的天赋可以惠及其他物种。

这些可能性，很容易让人把保护的准则放在一边。当一部分人类可以施行仁慈的统治，为什么要满足于奥尔多·利奥波德关于普通公民的愿景？当答案看起来如此清晰，为什么还要纠结于复杂的困境？毕竟，我们生活在危机四伏的时代，而危机要求我们迅速采取大规模的行动。1968 年，环保人士和企业家斯图尔特·布兰德（Stewart Brand）发表过著名的评论："我们就像是神，最好习惯这一点。"

问题是，智人对神性毫无准备。杜德纳自己承认这一点，我们每天也都要面对这个事实。我们很可能是进化的推手，我们可能不笨，但我们经常"喝醉"。我们很容易分心，而且目光短浅。作为蘑菇聪明的表亲，我们的进步甚至超出了已有的经验。

在《土地伦理》之后，利奥波德写了一篇文章，将威斯康星州——以及，推而广之的世界——比作传说中的环河，樵夫保罗·班扬（Paul Bunyan）在那里进行永恒的奥德赛。"我们人属骑着漂浮于圆之流中的原木。凭着一点明智的'錾刻'，我们已经学会引导原木的方向和速度。"利奥波德写道。不过他警告说，我们仍然被水流带走，我们的导航是不稳定的。"我们錾刻原木，更多靠的是蛮力，而不是技巧。"

面对技术的神性前景，一种反应是视而不见，坚持认为人类——或部分人类——只是另一个物种。不过，我们需要我们的独特性。我们需要追求能够养活人类的技术，稳定气候，缩减人类整体的足迹，更好地保护更多的物种免受我们的伤害。我们有能力恢复，也有能力破坏；有能力做出合理的决定，也有能力进行草率的消费。如果坚持并非如此，否认我们的全部复杂性，将意味着放弃对已经造成的损害的修复责任，放弃来之不易的保护潜力。

另一种反应是像奥尔德斯·赫胥黎那样，把人类看作一直在经验和概念、物质和抽象之间跳动的两栖动物。我们对其他生命的依赖，可以提醒我们自身的脆弱性，帮助我们谦逊地利用自己的影响力。我们不能退回到池塘的安全地带，人类已经以无数种方式改造并将继续改造"自然"。然

　　　　　　亲爱的野兽

而，我们可以像圣迭戈的犀牛遗传学家一样，谨慎地接近未知的技术和伦理领域，对过去的错误和当下的不确定性保持警惕。我们可以从事高科技的物种繁育，但不会误认为那是保护人士真正想要的。

在《美丽新世界》1946 年版的前言中，奥尔德斯·赫胥黎回顾了他十四年前出版的这部小说。"为我们坏的艺术而悔恨，"他写道，"就像为我们坏的行为而悔恨，都是不可取的。"他承诺，他仅提及"故事中最严重的缺陷"：故事主角被迫在一个超级工程化的"坏乌托邦"和一个残酷的前技术社会之间做出选择。

奥尔德斯希望能为他的角色提供第三种选择。

"在乌托邦和原始社会的两难选择之间，"他写道，"存在理智的可能性。"奥尔德斯在第二次世界大战之后的写作，构想了一个理智的社会，一个"由自由合作的个人组成"的社会。在这个社会中，人类利用科学和技术，而不是科学和技术利用人类。

小说家玛格丽特·阿特伍德（Margaret Atwood）曾经反思《美丽新世界》的现代意义。她说："人类身处动物之中，独自承受完美未来的痛苦。"我们可以像阿特伍德和奥尔德斯·赫胥黎那样，想象并远离我们不想要的未来。我们也可以想象我们想要的未来，并笨拙地錾刻我们的原木，向之驶去。当未来的完美变成当下的完美，我们可以躬身入局，创造一个可以容忍的现在和未来——为人类自己，也为其他的生命。

当前和未来的几代人可能还会找到通往理智之路。社会学家凯莉·弗里泽（Carrie Friese）推测，随着气候变化的影响不断升级，保护人士和其他人将越来越多地受到多物种团结意识的激励。多物种团结意识是一种深刻的理解，正如蕾切尔·卡森的警告，"控制成千上万个其他物种生活的环境因素，同样影响着人类"。确实，2019 年，世界各地的年轻气候活动家走向街头，为自己的未来而战；2018 年，伦敦发起"灭绝叛乱"运动，反抗人类的灭绝以及其他物种的灭绝。新冠病毒大流行，很可能始于国际野生动物贸易将其他物种携带的病毒传染给人类。人类的脆弱性变得更加相互关联，也更加直截了当。

幸运的话，这种团结意识也将克服环境主义运动和保护主义运动内部的僵局——功利主义者和保护主义者之间、具有保护意识的猎人和动物福利倡导者之间的世代争论。人类社会必须不断权衡个人利益和共同利益，这些运动也一样，而这些权衡只会变得更加困难。倾向不同的保护主义者和环境主义者可以相互影响，彼此完善，推动对个体伤害最小、种群和物种受益最大的解决方案形成。他们共享对其他生命的同情之心，可以且应该团结起来。对其他物种的爱，是由人类和动物伙伴之间的个体联系所培育的。减少痛苦的愿望的倍数，正是防止物种灭绝以及确保种群丰富的决心。

我们与其他物种及其成员的情感纽带，乃是保护的根本，但它仍然是在奥尔德斯·赫胥黎所说的"直接理解的世界"中形成的。蹲在水坑边看小蝌蚪扭动着走向蜕变，依然是童年时代学习所有物种——包括人类自己——的奇迹和脆弱的经典课程。两栖动物的生活，就像人类的生活一样，越来越多地受到气候变化和疾病的破坏。我们更有理由将它们故事中的寓意铭记于心。

人类是多么了不起的作品。在《哈姆雷特》的基础上，达尔文预见到了奥尔德斯·赫胥黎的观点。他在《人类的由来》一书的结尾说："人类虽然具有一切高尚的品质，对最卑劣者寄予同情，其仁慈不仅及于他人，而且及于最低等的生物……虽然他具有一切这样高贵的能力，但在人类的身体构造上依然打上了永远擦不掉的起源于低等生物的标记。"

我们并不像神，而像青蛙，我们最好认识这一点。

致　谢

　　野生动物的生存取决于整条生物链间的关系，书籍的诞生同样如此，依赖于无数同侪。感激所有慷慨相助，并帮我把本书从构想变为现实的人士。

　　感谢阿尔弗雷德·P.斯隆基金会及其"促进公众理解科学技术"项目，让我得以读万卷书，行万里路，深入地挖掘本书探讨的话题。我还要感谢艾丽西亚·帕特森基金会在2011年为我提供奖学金，让我有机会开始思考人类保护物种的历史。

　　非常感谢我的经纪人莫莉·格里克，她对我和我这个项目信任有加，还帮我们在W.W.诺顿出版公司找到温馨的家。感谢我的编辑马特·韦兰德，他给予了我明智的建议、帮助我拥有良好的心情，在从初稿到成稿的过程中不断鼓励我，是我的精神源泉。

　　感谢扎里娜·帕特瓦、丽莉·盖尔曼和阿莱格拉·休斯顿，她们的关照和洞察力帮助我完善文稿。感谢莎拉梅·威尔金森为本书设计了完美的封面。感谢艾琳·辛纳斯基·乐夫特和斯蒂夫·柯尔卡，确保这本书能从我手中到达诸位读者手中。感谢玛格丽特·布尔科，在图像研究方面提供了帮助。感谢事实核查员艾米莉·克里格尔，熟练清除了我的胡言乱语。

图书馆员和档案员使世界变得更美好。我特别感谢亚利桑那大学图书馆的特藏馆、国会图书馆、鹰山保护区档案馆、布卢明顿印第安纳大学的利利图书馆、纽约公共图书馆手稿和档案部、史密森学会档案馆、威斯康星大学麦迪逊分校档案馆和纳米比亚斯瓦科普蒙德的山姆·科恩图书馆。我还要感谢温哥华堡地区图书馆的馆际互借工作人员，他们耐心地帮我找到许多晦涩难懂的书籍和文件。还要感谢艾比·多克特和米歇尔·温格利，他们帮助我从各地搜寻档案资料。

在我写作的过程中，有很多人帮助我了解保护工作的过去和现在，向我介绍他们自己心爱的野兽。特别感谢乔治·阿奇博尔德、基思·奥恩、卡伦·贝克尔、里奇·贝尔福斯、吉姆和多蒂·布雷特、埃尔文·卡尔森、拉里·库克、卡尔·科特、查理和贝蒂·克罗酋长、罗伯特·德坎迪多（在中央公园人称"观鸟鲍勃"）、莱斯利·德法尔科、贝茜·迪德里克森、黛博拉·埃杰曼、保罗·埃利希、托德·埃斯科、凯莉·弗里泽、埃马纽埃尔·弗林蓬、劳里·古德里奇、斯蒂夫·哥特、博厄斯·汉博、索尼娅·汉博、莱尔·重跑者、玛格丽特·雅各布森、戴维·琼斯、鲍勃·卡普兰、基斯·卡罗利、约翰·卡萨俄纳、爱迪生·卡苏比、谢利·踢人女、安妮·莱西、威廉·劳伦斯、小埃斯特拉·利奥波德、西蒙·马胡德、迈克尔·马斯卡、卡尔·米勒、杰夫·敏特佛林、戴夫·帕尔辰、苏珊娜·普尔拉克、肯特·莱德福德、奥利佛·莱德尔、拉菲·萨嘎林、塞西尔·施瓦尔贝、金姆·史密斯、比尔·斯内普、凯莉·斯通纳、斯蒂夫·斯文森、斯坦利·坦普尔、切斯特迪·威廉斯-塔特塞、马克·弗尔麦伊、玛琳娜·威灵顿、卡罗尔和维克多·扬纳孔，以及艾丽卡·扎瓦雷塔。

感谢柯尔特·梅恩，慷慨分享他对保护的思考，以及对奥尔多·利奥波德的深刻认识；感谢玛西娅·比约恩尔德，带我参观她心爱的基岩；感谢艾伦·里维斯，向我提供了跨流派的灵感和引文。

感谢杂志《大西洋月刊》《传记》《高乡新闻》和 *The Last Word on Nothing*，允许我使用早先发表的段落。

感谢我的母校里德学院，不仅提供 JSTOR 数据库的使用权（重要性超乎想象），还允许我使用胡德山上深受喜爱的滑雪小屋。感谢伊恩·比利克、乔纳森·科布、玛丽·艾伦·汉尼拔、约什·豪尔、安娜·芬克拜纳，苏珊娜·隆德里、本·敏特尔和理查德·派尔，你们花费时间阅读草稿，并以聪明才智和专业知识提出完善建议。谢谢你们。

许多作家为我提供了重要的建议和帮助，我要感谢保罗·巴奇加鲁皮、辛西娅·巴内特、朱莉·贝瓦尔德、克雷格·切尔兹、亚历山德拉·埃尔巴基扬、艾琳·嘉文、凯特·格林、丽莎·汉密尔顿、格雷格·汉斯科姆、汤姆·海登、丽莎·琼斯、艾玛·马里斯、塞拉·克兰·默多克、劳伦·奥克斯、安德烈·皮策、加布·罗斯、埃拉·泰勒、凯文·泰勒、JT.托马斯、克莱格·威尔奇、艾米·威廉姆斯、佛罗伦萨·威廉姆斯和埃德·勇。感谢 Scilance、Babylance 和 Slackline 的成员。感谢我在《大西洋月刊》与《高乡新闻》过去和现在的同事。感谢朱迪斯·路易斯·默尼特，五年前她让我坐在泰晤士河边的长椅上，或多或少带有命令语气地让我写这本书。感谢每天都在做写作以外的事情的朋友们，非常感谢你们的聆听，这让我欠了你们一份恩情。

写作本书的过程中，保护界失去了两位伟人：迈克尔·苏莱和加斯·欧文-史密斯都于 2020 年逝世。我希望他们能与对方相遇，他们在篝火旁通宵达旦的争论必定精彩绝伦。每个人都是变革的催化剂，我希望不久之后，他们的想法能够融合。能向他们两位学习，我深感幸运。

最后，衷心感谢我的父母玛格丽特和鲁尔夫·奈豪斯，以及我的公婆乔安娜和韦斯·佩林。感谢他们在这次"冒险"中对我的信任。感谢皮卡、齐格和星尘，我那些赖皮的家养野兽，给我带来了欢乐。还要感谢我最要好的朋友杰克逊和西尔维娅·佩林伉俪为我所做的一切。

图书在版编目（CIP）数据

亲爱的野兽：在灭绝时代为生命而战 ／（美）米歇尔·奈豪斯著；刘炎林，林纾译. -- 北京：北京联合出版公司，2024. 10. -- ISBN 978-7-5596-7697-9

Ⅰ. Q16-49

中国国家版本馆 CIP 数据核字第 2024FG8364 号

Copyright © 2021 by Michelle Nijhuis
Published by arrangement with Creative Artists Agency through Intercontinental Literary Agency Ltd and The Grayhawk Agency Ltd.

北京市版权局著作权合同登记　图字：01-2024-4078 号

亲爱的野兽：在灭绝时代为生命而战

作　　者：［美］米歇尔·奈豪斯
译　　者：刘炎林　林　纾
出 品 人：赵红仕
策划编辑：王　鑫
责任编辑：徐　樟
营销编辑：林亦霖　王林亭
出版统筹：慕云五　马海宽
封面设计：陆　璐

北京联合出版公司出版
（北京市西城区德外大街 83 号楼 9 层　100088）
北京联合天畅文化传播公司发行
北京中科印刷有限公司印刷　新华书店经销
字数 194 千字　880 毫米 × 1230 毫米　1/32　11.25 印张
2024 年 10 月第 1 版　2024 年 10 月第 1 次印刷
ISBN 978-7-5596-7697-9
定价：68.00 元